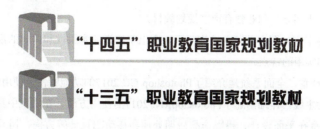

"十四五"职业教育国家规划教材

"十三五"职业教育国家规划教材

Photoshop实用案例教程

第3版

主　编　唐秀菊　徐冬妹
参　编　曲连国　李　娟　吴兆慧
主　审　张金波

机 械 工 业 出 版 社

本书是"十四五"职业教育国家规划教材。

本书内容丰富、图文并茂、结构明了，突出了知识的实用性和内容的易学性，具有全面、系统和实用的特点。

本书共分8章，全面系统地介绍了Photoshop CC 2017的功能特性及使用方法。前7章以典型实例为主线，详细阐述了Photoshop CC 2017的使用方法，在实践中具有较高的指导作用。第8章在平面设计、摄影作品后期处理和移动UI设计等方面，用具有代表性的个案，以综合项目实训的方式进行提高和升华。为方便学生学习，本书的每一章节后还安排了相关的课后练习，以巩固所学知识。

本书可作为各类职业院校计算机美术设计及相关专业的教材，也可作为中级培训教材或计算机爱好者的参考用书。

为方便教师教学和学生学习，本书还配有电子课件、素材、源文件及二维码视频。选用本书作为教材的教师可以从机械工业出版社教育服务网（www.cmpedu.com）免费注册下载或联系编辑（010-88379194）咨询。书中的二维码视频可直接扫码观看。

图书在版编目（CIP）数据

Photoshop实用案例教程/唐秀菊，徐冬妹主编．—3版．—北京：机械工业出版社，2018.9（2025.1重印）

职业教育信息技术类系列教材

ISBN 978-7-111-61343-5

Ⅰ．①P… Ⅱ．①唐… ②徐… Ⅲ．①图像处理软件—职业教育—教材 Ⅳ．①TP391.413

中国版本图书馆CIP数据核字（2018）第259872号

机械工业出版社（北京市百万庄大街22号　邮政编码100037）

策划编辑：梁　伟　　责任编辑：梁　伟　李绍坤
责任校对：王　欣　　封面设计：马精明
责任印制：常天培

北京中科印刷有限公司印刷

2025年1月第3版第16次印刷

184mm×260mm・17.25印张・391千字

标准书号：ISBN 978-7-111-61343-5

定价：54.80元

电话服务	网络服务
客服电话：010-88361066	机 工 官 网：www.cmpbook.com
010-88379833	机 工 官 博：weibo.com/cmp1952
010-68326294	金 书 网：www.golden-book.com
封底无防伪标均为盗版	机工教育服务网：www.cmpedu.com

关于"十四五"职业教育
国家规划教材的出版说明

为贯彻落实《中共中央关于认真学习宣传贯彻党的二十大精神的决定》《习近平新时代中国特色社会主义思想进课程教材指南》《职业院校教材管理办法》等文件精神,机械工业出版社与教材编写团队一道,认真执行思政内容进教材、进课堂、进头脑要求,尊重教育规律,遵循学科特点,对教材内容进行了更新,着力落实以下要求:

1. 提升教材铸魂育人功能,培育、践行社会主义核心价值观,教育引导学生树立共产主义远大理想和中国特色社会主义共同理想,坚定"四个自信",厚植爱国主义情怀,把爱国情、强国志、报国行自觉融入建设社会主义现代化强国、实现中华民族伟大复兴的奋斗之中。同时,弘扬中华优秀传统文化,深入开展宪法法治教育。

2. 注重科学思维方法训练和科学伦理教育,培养学生探索未知、追求真理、勇攀科学高峰的责任感和使命感;强化学生工程伦理教育,培养学生精益求精的大国工匠精神,激发学生科技报国的家国情怀和使命担当。加快构建中国特色哲学社会科学学科体系、学术体系、话语体系。帮助学生了解相关专业和行业领域的国家战略、法律法规和相关政策,引导学生深入社会实践、关注现实问题,培育学生经世济民、诚信服务、德法兼修的职业素养。

3. 教育引导学生深刻理解并自觉实践各行业的职业精神、职业规范,增强职业责任感,培养遵纪守法、爱岗敬业、无私奉献、诚实守信、公道办事、开拓创新的职业品格和行为习惯。

在此基础上,及时更新教材知识内容,体现产业发展的新技术、新工艺、新规范、新标准。加强教材数字化建设,丰富配套资源,形成可听、可视、可练、可互动的融媒体教材。

教材建设需要各方的共同努力,也欢迎相关教材使用院校的师生及时反馈意见和建议,我们将认真组织力量进行研究,在后续重印及再版时吸纳改进,不断推动高质量教材出版。

机械工业出版社

第3版前言

Photoshop 是美国 Adobe 公司开发的一款图形图像处理软件，其最新版本为 Photoshop CC 2017。作为业界标准的图形图像处理软件，Photoshop 一直以其强大的功能领先于其他图形处理软件，在图形制作、照片编辑、广告设计、UI 设计等多个领域得到了广泛的应用，备受图像设计人员的青睐。

本书根据党的二十大报告所提出的"教育、科技、人才是全面建设社会主义现代化国家的基础性、战略性支撑"，立足培养各行各业设计人才，通过典型实例来介绍 Photoshop CC 2017 的具体功能应用和使用技巧。第1章介绍有关图形处理的基本概念、工作环境及新增功能。第2章通过对基本工具的使用介绍了 Adobe Photoshop CC 2017 的基础知识。第3章介绍了图像编辑的有关知识。第4章详细介绍了蒙版、通道和动作。第5章介绍了滤镜的使用效果。第6章介绍 Photoshop CC 2017 的3D功能。第7章介绍了 Photoshop CC 2017 的动画视频和网页制作。第8章是训练学生综合应用能力的综合项目。

本书采用典型实例进行说明，具体实例既贴近实际又与所学知识紧密联系，让读者对抽象的工具及参数有更直观、清晰的认识和理解；通过实例介绍需掌握的知识点，使读者对所用到的知识更明确；实例的选择特意融入了我国传统文化中的元素，如纸扇、脸谱等，并在"永久的历史"一节中以圆明园的照片为例进行教学，旨在让学生学习知识的同时了解民族文化和历史、提升个人素养。

本书步骤分明，由简入繁，使初学者能够更好地使用 Photoshop CC 2017 软件的各项功能；实例知识点讲解更是对该软件在理论上的最好诠释；课后练习是配合所学知识的巩固与提高。特别是第8章的综合项目实训是由项目分析、项目操作过程、课后练习组成，注重实践中的应用，同时体现了知识的完整性和系统性，使学生学习后可以尽快胜任岗位工作。全书基本上涉及了应用 Photoshop 进行图像处理的各个方面，读者通过对本书的学习，可以比较全面、迅速地掌握 Photoshop 这个强有力的图形图像编辑处理工具。

本书由唐秀菊和徐冬妹担任主编，曲连国、李娟和吴兆慧参加编写，张金波担任主审。其中，唐秀菊编写了第4章、第6章和第8章的8.1节，徐冬妹编写了第3章中的3.1～3.4节，曲连国编写了第1章和第5章，李娟编写了第2章和第7章，吴兆慧编写了第3章的3.5节和第8章的8.2～8.5节。

由于编者水平有限，书中难免有疏漏和不足之处，在此对读者表示歉意，并希望各位读者斧正，让我们在探索中共同进步。

编　者

二维码索引

序号	视频名称	图形	页码	序号	视频名称	图形	页码
1	2.1.1 课后练习		18	11	3.2.2 课后练习		75
2	2.1.2 课后练习		27	12	3.2.3 课后练习		79
3	2.2.1 课后练习		32	13	3.3.1 课后练习		85
4	2.2.2 课后练习		36	14	3.3.2 课后练习		90
5	2.3.1 课后练习		41	15	3.3.3 课后练习		93
6	2.3.2 课后练习		45	16	3.4.1 课后练习		96
7	2.3.3 课后练习		51	17	3.4.2 课后练习		102
8	3.1.1 课后练习		60	18	3.4.3 课后练习		108
9	3.1.2 课后练习		65	19	3.5.1 淘宝网店广告		109
10	3.2.1 课后练习		70	20	3.5.1 课后练习		113

（续）

序号	视频名称	图形	页码	序号	视频名称	图形	页码
21	3.5.2 宣传册封面		114	31	4.1.3 课后练习		139
22	3.5.2 课后练习		115	32	4.1.4 课后练习		143
23	3.5.3 路径文字		116	33	4.2.1 课后练习		148
24	3.5.3 课后练习		118	34	4.2.2 课后练习		151
25	3.5.4 镶钻字		119	35	4.2.3 课后练习		154
26	3.5.4 课后练习		121	36	4.3.1 课后练习		156
27	3.5.5 折纸字		122	37	4.3.2 课后练习		159
28	3.5.5 课后练习		126	38	4.3.3 课后练习		162
29	4.1.1 课后练习		132	39	5.1.1 课后练习		167
30	4.1.2 课后练习		136	40	5.1.2 课后练习		170

（续）

序号	视频名称	图形	页码	序号	视频名称	图形	页码
41	5.1.3 课后练习		172	51	6.2.1 课后练习		209
42	5.1.4 课后练习		176	52	6.2.2 星球		210
43	5.1.5 课后练习		180	53	6.2.2 课后练习		212
44	5.1.6 课后练习		187	54	6.2.3 三维凸纹		213
45	5.2.1 课后练习		191	55	6.2.3 课后练习		218
46	6.1.1 茶壶表面绘制		194	56	6.3.1 灯光布置与渲染		218
47	6.1.1 课后练习		200	57	7.1.1 制作帧动画		225
48	6.1.2 茶几		201	58	7.1.1 课后练习		232
49	6.1.2 课后练习		205	59	7.2.1 制作网页按钮		232
50	6.2.1 汽水		205	60	7.2.1 课后练习		238

目 录

第3版前言
二维码索引

第1章　Adobe Photoshop CC 2017入门 1
1.1　矢量图形和点阵图形 1
1.1.1　位图图形 1
1.1.2　矢量图形 1
1.2　图像分辨率 2
1.3　Photoshop工作环境与文件操作 4
1.3.1　打开图像文件 6
1.3.2　建立新图像文件 6
1.3.3　保存图像文件 8
1.3.4　关闭图像文件 9
1.3.5　定制和优化Photoshop工作环境 10
本章总结 11

第2章　Adobe Photoshop CC 2017的基础知识 12
2.1　Adobe Photoshop CC 2017基本工具使用一 12
2.1.1　实例一　精美的信纸 12
2.1.2　实例二　绘制企鹅 19
2.1.3　小结 28
2.2　Adobe Photoshop CC 2017 基本工具使用二 28
2.2.1　实例一　包装纸平面图 28
2.2.2　实例二　瓷砖 33
2.2.3　小结 36
2.3　Adobe Photoshop CC 2017基本工具使用三 36
2.3.1　实例一　饮品 36
2.3.2　实例二　回归 41
2.3.3　实例三　扇子 46
2.3.4　小结 51
本章总结 51

第3章　Adobe Photoshop CC 2017绘图修饰及图像编辑 52
3.1　画笔与铅笔工具 52
3.1.1　实例一　淘宝广告设计——美鞋 52
3.1.2　实例二　创意广告设计——爱护家园 60
3.1.3　小结 65
3.2　图章工具与图像修补及修饰工具 66
3.2.1　实例一　海豚表演 66
3.2.2　实例二　永久的历史 71
3.2.3　实例三　鸡尾酒 76
3.2.4　小结 79
3.3　Adobe Photoshop CC 2017的图像调整 80
3.3.1　实例一　梦幻森林 80
3.3.2　实例二　鹰 85
3.3.3　实例三　拼合全景图 90
3.3.4　小结 93
3.4　路径工具与形状工具 93
3.4.1　实例一　标志 93
3.4.2　实例二　自由曲线 96
3.4.3　实例三　卡通玩偶 102
3.4.4　小结 109
3.5　Adobe Photoshop CC 2017的文字工具 ... 109
3.5.1　实例一　淘宝网店广告 109
3.5.2　实例二　宣传册封面 114
3.5.3　实例三　路径文字 116
3.5.4　实例四　镶钻字 119
3.5.5　实例五　折纸字 122
3.5.6　小结 127
本章总结 127

第4章　Adobe Photoshop CC 2017的蒙版、通道和动作 128
4.1　Adobe Photoshop CC 2017的蒙版 128
4.1.1　实例一　鹰 128
4.1.2　实例二　舞 132
4.1.3　实例三　脸谱 137
4.1.4　实例四　飞雪 140
4.1.5　小结 143

4.2 Adobe Photoshop CC 2017的通道 143
  4.2.1 实例一 蝶 143
  4.2.2 实例二 春华秋实 148
  4.2.3 实例三 木板画 152
  4.2.4 小结 154
4.3 Adobe Photoshop CC 2017的动作使用 ...155
  4.3.1 实例一 使用动作 155
  4.3.2 实例二 录制动作 156
  4.3.3 实例三 批处理 159
  4.3.4 小结 163
本章总结 163

第5章 Adobe Photoshop CC 2017滤镜 164
5.1 滤镜 164
  5.1.1 实例一 棒棒糖 164
  5.1.2 实例二 风雪骑士 169
  5.1.3 实例三 精美相框 171
  5.1.4 实例四 神秘洞穴 173
  5.1.5 实例五 橙子 177
  5.1.6 实例六 碧玉龙 182
  5.1.7 小结 188
5.2 外挂滤镜 188
  5.2.1 实例七 梦幻都市 188
  5.2.2 实例八 怀旧人像 192
  5.2.3 小结 193
本章总结 193

第6章 Adobe Photoshop CC 2017中 3D的使用 194
6.1 绘制物体表面材质纹理 194
  6.1.1 实例一 茶壶表面绘制 194
  6.1.2 实例二 茶几 201
  6.1.3 小结 205
6.2 创建3D模型 205
  6.2.1 实例一 汽水 205
  6.2.2 实例二 星球 210
  6.2.3 实例三 3D凸纹 213
  6.2.4 小结 218

6.3 3D光源与渲染 218
  6.3.1 实例一 灯光布置与渲染 218
  6.3.2 小结 224
本章总结 224

第7章 Photoshop CC 2017的动画视频 与网页 225
7.1 Adobe Photoshop CC 2017的 动画与视频 225
  7.1.1 实例一 制作帧动画 225
  7.1.2 小结 232
7.2 Adobe Photoshop CC 2017网页 232
  7.2.1 实例一 制作网页按钮 232
  7.2.2 小结 239
本章总结 239

第8章 综合项目实训 240
8.1 项目一 标志设计 240
  8.1.1 项目分析 240
  8.1.2 项目操作过程 241
  8.1.3 课后练习 244
8.2 项目二 洗衣粉包装设计 244
  8.2.1 项目分析 244
  8.2.2 项目操作过程 245
  8.2.3 课后练习 248
8.3 项目三 福特汽车广告宣传海报 249
  8.3.1 项目分析 249
  8.3.2 项目操作过程 250
  8.3.3 课后练习 252
8.4 项目四 摄影作品后期处理 253
  8.4.1 项目分析 253
  8.4.2 项目操作过程 253
  8.4.3 课后练习 257
8.5 项目五 移动UI设计—— 一套阅读APP的界面设计 257
  8.5.1 项目分析 257
  8.5.2 项目操作过程 258
  8.5.3 课后练习 262

第1章　Adobe Photoshop CC 2017入门

学习目标

1）了解矢量图形和点阵图形的概念。
2）掌握图像分辨率的概念和按需设置图像分辨率。
3）Photoshop工作环境与文件操作。

1.1 矢量图形和点阵图形

在使用Photoshop CC 2017之前，正确认识图像的概念以及Photoshop CC 2017与图像之间的关系是非常重要的，只有正确把握这两者之间的关系，才能更好地运用Photoshop CC 2017创作出优秀的作品。

计算机可以处理的图形主要可以划分为两大类：矢量图形和点阵图形。Photoshop既可以处理矢量图形也可以处理点阵图形，了解这两种图形之间的差异，对创建、编辑和导入图片都有很大的帮助，所以只有充分了解二者各自的特点，才能更好地运用它们。

1.1.1 位图图形

位图图形（在技术上称为栅格图像）使用图片元素的矩形网格（像素）表现图像。每个像素都分配有特定的位置和颜色值。在处理位图图形时，编辑的是像素，而不是对象或形状。位图图形是连续色调图像（如照片或数字绘画）最常用的电子媒介，因为它们可以更有效地表现阴影和颜色的细微层次。位图图形与分辨率有关，也就是说，它们包含固定数量的像素。因此，如果在屏幕上以高缩放比率对它们进行缩放或以低于创建时的分辨率来打印它们，则将丢失其中的细节，并会呈现出锯齿，如图1-1所示。位图图形有时需要占用大量的存储空间，在某些组件中使用位图图形时，通常需要对其进行压缩以控制文件大小。例如，将图像文件导入布局之前，要先在其原始应用程序中压缩该文件。

图1-1　不同分辨率图像对比

1.1.2 矢量图形

矢量图形是用称为向量的直线或曲线来描绘图像，这些用来描绘图像的直线和曲线是用数学形式来定义的,其中的各个元素都是根据图形的几何特性进行具体描述的。对矢量图形的编辑,就是修改构筑该图形的直线和曲线。用户可以移动、缩放、重塑一个矢量图形,包括更改它的颜色,所有这些操作都不会改变该矢量图形的品质。矢量图形具有分辨率独立性,就是说矢量图形在不同分辨率的输出设备上显示不会改变图像的品质。因此,矢量图形的优点是占用的空间小,且放大后不会失真,是表现标志图形的最佳选择。但是,图形的缺点也很明显,就是它的色彩比较单调。图1-2和图1-3就是矢量图形原图和扩大后的效果图(在Word中通过插入可以很容易实现)。

图1-2　原图

图1-3　放大后

1.2　图像分辨率

提起分辨率大家一定不陌生,日常使用到的显示器、打印机、扫描仪等都会涉及这个概念,许多人想当然地把这些分辨率混为一谈而不加以区别,其实这些分辨率之间存在着相当大的差异。分辨率是指单位长度内包含的像素数目。根据涉及对象的不同,分辨率表达的含义也会有所不同。以扫描仪为例,扫描仪的分辨率越高则解析图像的能力越强,扫描出来的图像也越接近于原件,扫描分辨率的单位是ppi(Pixel per Inch),即每英寸能解析像素的个数。而从打印机的角度来看,分辨率越高则再现原件的能力越强,打印出来的图像越细致,同时也越接近于原件,打印分辨率的单位是dpi(Dot per Inch),即每英寸可以填充的打印点数。正是因为分辨率之间存在着这种差异,因此在研究分辨率时一般将它分成3种类型:输入分辨率、输出分辨率和显示分辨率。

输入分辨率包括扫描仪分辨率、数码相机分辨率等。

输出分辨率包括打印机分辨率、投影仪分辨率等。

显示分辨率则包括屏幕分辨率、电视分辨率等。

这几种分辨率之间是相互关联的,如扫描图片,这首先涉及输入分辨率;然后通过屏幕呈现出来,这又涉及显示分辨率;最后用打印机将图像打印出来,这便涉及输出分辨率。扫描质量的好坏直接关系到最后的打印质量,如果用一台低档的扫描仪扫描,那么就算打印机分辨率再高也得不到高质量的图片。如何正确理解这些分辨率的含义呢?关键是把握住像点(Dot)和像素(Pixel)之间的区别,在分辨率中这是两个非常容易混淆的概念,像点可以说是硬件设备中最小的显示单位,而像素则不是,像素既可以代表一个点,也可以是多个点的集合。当每个像素只代表一个像点时，则可以在两者之间画上等号；不过在大多数情况下，两者之间是完全不同的。如用一台300dpi打印机打印一张分辨率为1ppi的图片，此时图片中的每一个像素在打印时都对应了300×300像点。

对于图像处理中的扫描输入而言，首先要确定扫描获取的图像用途，根据用途不同来决定应该选用的扫描分辨率。如果扫描获取的图像是作为屏幕显示使用，那么72ppi的分辨率就够用了，因为这等同于显示器的分辨率。而用于打印输出的图像，一般来说200ppi就可以满足打印的基本需求，若用于打印高精度印刷品，例如，海报或DM单商业广告则需要不低于300ppi的分辨率。

图像文件大小与图像分辨率成正比，如果保持图像尺寸不变，将其图像分辨率提高为原来的2倍，则其文件大小增大为原来的4倍。例如，原图像的文件大小为22KB，图像分辨率为72ppi，保持图像尺寸不变，用图像处理软件提高其图像分辨率到144ppi，这时文件大小变为87KB左右。图像分辨率也影响到图像在屏幕上的显示大小。如果在一台设备分辨率为72dpi的显示器上将图像分辨率从72ppi增大到144ppi（保持图像尺寸不变），那么该图像将以原图像实际尺寸的两倍显示在屏幕上。一般来说，在相同打印尺寸下，扫描分辨率越高的图像，所包含的图像信息越多，图像也越清晰。图1-4和图1-5所示为两幅相同的图像在不同分辨率下放大200%的效果。

图1-4　72ppi放大后效果　　　　　　　　图1-5　300ppi放大后效果

产生这样的效果是由于Photoshop会自动以内插像素的方式来增加图像的显示面积，根据相邻像素色调的平均值产生中间像素，由于Photoshop改变了图像信息，造成图像质量下降，因此不能采取这种方式来获取高分辨率的图像。要想得到更高分辨率的图像，只能以更高分辨率进行扫描。

若要对一幅扫描的图像以更高分辨率使用，可以通过增加分辨率的同时减小实际打印尺寸的方法实现。在Photoshop中执行"图像"→"图像大小"命令，打开"图像大小"对话框，如图1-6所示。

对比发现，分辨率越高，打印尺寸越小，由此可见，要想打印一幅固定大小的图像并要求更高的分辨率，必须通过扫描仪获取一幅更大尺寸的图像。

图1-6　图像大小对话框

1.3　Photoshop工作环境与文件操作

　　Photoshop CC 2017在Windows操作系统下的安装基本配置要求如下：Intel® Core 2或AMD Athlon® 64处理器；2 GHz或更快的处理器；2 GB RAM（推荐使用8 GB）；Microsoft Windows 7 Service Pack 1、Windows 8.1或Windows 10；1024 x 768显示器（推荐使用1280x800），带有16位颜色和512 MB专用VRAM（如果使用3D功能，则要求必须配有独立显卡，推荐容量至少2 GB），支持OpenGL 2.0的系统；32位安装需要2.6 GB可用硬盘空间；64位安装需要3.1 GB可用硬盘空间；安装过程中会需要更多可用空间（无法在使用区分大小写的文件系统的卷上安装）；必须具备Internet连接并完成注册，才能进行所需的软件激活、订阅验证和在线服务访问。

　　中文版Photoshop CC 2017安装完成后，单击"开始"→"所有程序"→"Adobe Photoshop CC 2017"命令，即可打开Photoshop CC 2017程序进入其工作环境，如图1-7所示。

图1-7　Photoshop CC 2017工作环境

第1章 Adobe Photoshop CC 2017入门

Photoshop CC 2017的软件界面总体布局一目了然，并且与典型的Windows应用程序很相似，主要包括：菜单栏（见图1-8）、工具选项栏（见图1-9）、工具箱（见图1-10）、面板（见图1-11）和状态栏（见图1-12）等。

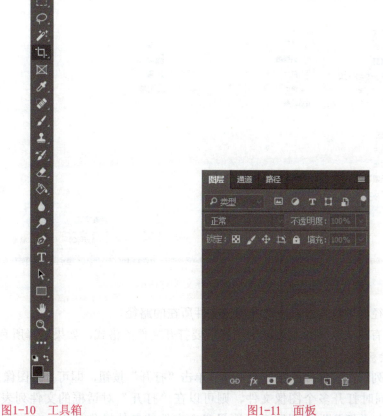

图1-8　菜单栏

图1-9　工具选项栏

图1-10　工具箱　　　　　图1-11　面板

图1-12　状态栏

窗口中的黑色区域即是Photoshop桌面，用于容纳工具箱、面板和图像窗口。对于工具箱、工具选项栏、面板，可以通过拖动来改变它们的摆放位置；可以通过按<Tab>键来显示/隐藏工具箱、面板和工具选项栏。

图像窗口是Photoshop操作的对象，新建、打开、保存及关闭图像的操作是Photoshop图像处理的第一步。下面将介绍图像文件的基本操作。

1.3.1 打开图像文件

通常的Photoshop操作都是对现有的图像进行编辑处理，因此就需要将图像文件打开，其方法如下：

鼠标左键单击Photoshop桌面左上角"打开"按钮，或者执行"文件"→"打开"命令，或者按下<Ctrl+O>组合键，或者用鼠标左键双击Photoshop桌面，弹出"打开"对话框，如图1-13所示。

图1-13 打开文件对话框

1）在"路径"下拉列表框中选择图像文件所在的路径。

2）在"所有格式"下拉列表框中选择所要打开文件的格式，如果选择所有文件格式，则全部文件都会被显示出来。

3）在文件列表框中选择要打开的文件，单击"打开"按钮，即可打开图像文件。

如果需要同时打开多个图像文件，则可以在"打开"对话框的文件列表中选择多个文件，然后单击"打开"按钮即可。选择多个文件的具体操作如下：如果要选择多个连续的文件，可以单击第一个文件，然后按住<Shift>键，单击要选择的最后一个文件即可；如果要选择多个不连续的文件，则可按住<Ctrl>键，然后分别单击要选择的图像文件即可。

1.3.2 建立新图像文件

如果要在一个空白图像文件中进行操作，则首先需要创建图像文件。操作方法如下：

鼠标左键单击Photoshop桌面左上角"新建"按钮，或者执行"文件"→"新建"命令，或者按下<Ctrl+N>组合键均可打开"新建"对话框，如图1-14所示。

图1-14　新建文件对话框

在打开的"新建文档"对话框"默认Photoshop大小"预设详细信息中：

"名称"文本框：该文本框用于输入新文件的名称。如果不输入，则系统默认用"未标题-1"作为新文件的名称。

"高度"和"宽度"文本框：用来设定新建图像文件的大小尺寸，然后在后面的下拉列表框中选择一种单位，表示图像大小的单位有"像素"、"英寸"、"厘米"、"点"、"派卡"和"列"。

"分辨率"文本框：用来设定新建图像文件的分辨率。表示分辨率的单位有"像素/英寸"和"像素/厘米"两种，通常使用"像素/英寸"。

"颜色模式"下拉列表框：该下拉列表框中可选择图像的色彩模式，其中包括位图、灰度、RGB颜色、CMYK颜色和Lab等5种色彩模式，通常采用RGB色彩模式。

"背景内容"下拉列表框：该下拉列表框用于设定新建图像文件的背景颜色，可以选择"白色"、"背景色"和"黑色"3种。其中"背景色"选项将使新建图像文件的颜色同工具箱中背景色框的颜色一致。

"高级选项"区：该选项区用来设置颜色概况和像素比率。

完成上述的设置以后，单击"创建"按钮，即可建立一个新图像文件，如图1-15所示，其标题栏显示了文件名（未标题-1）、显示比例（50%）、颜色模式（RGB/8）等。建立新图像文件后，就可以在新图像中进行绘制图像、输入文字等图像操作。

图1-15　新建图像文件

1.3.3　保存图像文件

无论是创建新图像文件还是编辑图像，操作之后都要将它及时保存起来，以免因为意外断电等其他事故造成工作成果付之东流。针对不同的情况，保存图像文件的方法也各不相同。

1．保存新建图像文件

如果要保存的是一幅新建的图像，而且从未保存过，那么可以单击"文件"→"存储为"命令，或者按下<Ctrl+Shift+S>组合键，打开"另存为"对话框，如图1-16所示。

然后执行以下操作：

1）在"路径"下拉列表框中选择准备存放图像文件的文件夹。

2）在"文件名"下拉列表框中输入新文件的文件名。文件名可以是英文、中文或者数字，但不能是一些特殊符号，如星号（*）、问号（？）等。

3）在"保存类型"下拉列表框中选择要保存的文件格式，默认为PSD格式，这是Photoshop的标准格式。PSD格式保存的文件中包含有原图像的所有图层，并且以后这些图层还需要被修改编辑的情况下，必须使用这种格式。否则，Photoshop在保存时，将自动合并图层。

4）上述操作完毕后，单击"保存"按钮，即可完成保存工作。

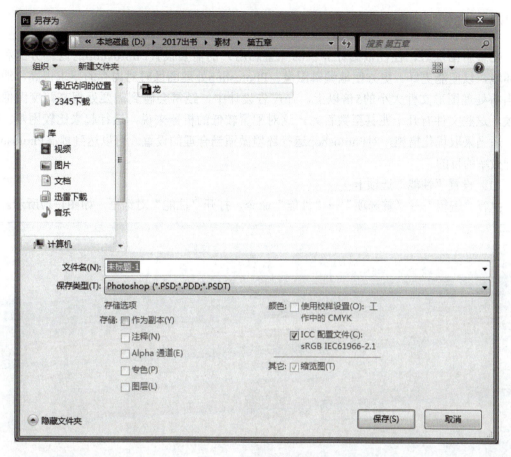

图1-16　另存图像文件

2．将原有图像文件保存为其他格式

在实际工作中经常会遇到图像格式的转换问题，比如在Word中插入图像时，由于Word本身不支持PSD文件，则需要将图像格式转换为BMP等Word支持的图像格式，这时就需要将原有图像保存为其他格式，操作方法如下：

1）打开要转换格式的图像文件，按下<Ctrl+Shift+S>组合键，打开"另存为"对话框。

2）在"另存为"对话框中设定文件保存的位置、名称，并在"保存类型"下拉列表框中选择相应的图像格式，然后单击"保存"按钮即可。

1.3.4　关闭图像文件

关闭图像的方法主要有以下几种：

1）单击图像窗口右上角的"关闭"按钮 。

2）单击"文件"→"关闭"命令。

3）按下<Ctrl+W>组合键。

以上方法只可以关闭当前窗口。如果打开了多个图像窗口，并希望将它们全部关闭，则可以执行"文件"→"关闭全部"命令，或者按下<Ctrl+Alt+W>组合键关闭。

1.3.5 定制和优化Photoshop工作环境

在编辑图像时，往往根据计算机的配置和用户的需要设置Photoshop的内存分配和操作环境，以便能更好、更方便地编辑图像。Photoshop处理图像时对内存的要求很高，通常为当前处理图形文件大小的5倍以上。在广告设计中，经常会碰到需要处理高精度图像的时候，这些文件有几十兆甚至数百兆，这对配置较低的机器来说，运行起来比较困难。因此，适当采取优化措施，对Photoshop运行环境做适当合理的设置，可以达到提高Photoshop执行效率的目的。

（1）设置"性能"选项卡

执行"编辑"→"首选项"→"性能"命令，打开"性能"对话框，如图1-17所示。

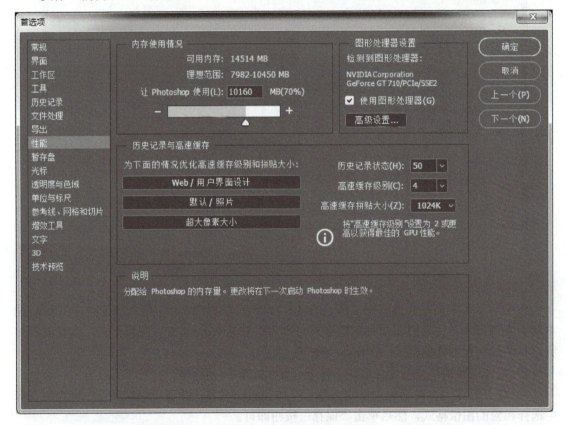

图1-17 "性能"对话框

在"内存使用情况"栏中，可以通过滑块调整或者直接手工输入来设定内存的使用率，其设定范围在1%～100%之间。

在"历史记录与高速缓存"文本框中，"历史记录状态"是用来设定"历史记录"面板中能保留的历史记录状态的最大数量，最大值为"1000"。高速缓存级别可以输入的有效数值为1～8，数值越大，屏幕刷新越快，但缓存占用的内存也就越多，用户要根据计算机的内存大小来设定，若系统内存充足，应设为最大，一般情况下，Photoshop使用的内存应为计算机系统可用内存的50%～70%。

10

(2) 设置"暂存盘"选项卡

"暂存盘"是当内存不足时，将硬盘上的一部分空间形成虚拟内存而设置的，当内存不够时，可顺序使用用户设置的暂存盘，但是无论是否使用暂存盘，暂存盘的自由空间必须大于Photoshop的可用内存空间，因为Photoshop会在等待状态时将整个内存的内容写在暂存盘里。最好单独将一个足够大的磁盘分区作为暂存盘，不要使用多个暂存盘，不要与系统交换文件位于同一分区中，以便获得更高的性能。

(3) 设置"文件处理"选项卡

执行"编辑"→"首选项"→"文件处理"命令，打开"文件处理"对话框。

"文件存储选项"栏中的图像预览下拉列表框有3个选项，分别是"总不存储"、"总是存储"和"存储时提问"。文件扩展名下拉列表框有2个选项，分别是"使用大写"和"使用小写"，一般来说，小写的扩展名易于阅读。

"文件兼容性"栏中的复选框可根据实际需要进行设置。

(4) 设置"光标"选项卡

执行"编辑"→"首选项"→"光标"命令，打开"光标"对话框。

"绘画光标"栏中，"标准"就是标准光标模式，用各种工具的开头来作为光标。"精确"为精确模式，选择此项可以切换到十字形的指针形状，以指针中心点作为工具作用时的中心点，利用它可以精确绘制图像，通常选用正常画笔笔尖模式。

(5) 设置"单位与标尺"选项卡

执行"编辑"→"首选项"→"单位与标尺"命令，打开"单位与标尺"对话框。

对话框中的各项可以按照需要进行设定，一般使用默认即可。

其他选项卡可以按照个人需要进行设置，在此不再赘述。

本 章 总 结

本章学习了在Photoshop中涉及的基本概念、基本工具、对工作环境优化以及Photoshop的调板知识，这些知识都是后续学习的基础。正所谓"不积跬步无以至千里"，只有扎实打好基础，熟练掌握和透彻理解所讲授的知识点，才能在今后的应用中"信手拈来"，让奇思妙想化为现实中奇美的景色。

第2章　Adobe Photoshop CC 2017的基础知识

学习目标

1）掌握Adobe Photoshop CC 2017的基本操作。
2）了解选区的两种主要作用。构建复杂选区的操作，熟练使用多种选区工具制作选区。掌握选区的编辑："选择"菜单的使用。
3）了解图层的基本概念以及简单操作。
4）掌握移动工具和填充工具的使用方法。
5）掌握网格、参考线和标尺的使用方法。
6）掌握"自由变换"命令的应用方法。

2.1　Adobe Photoshop CC 2017 基本工具使用一

2.1.1　实例一　精美的信纸

1. 本实例需掌握的知识点

1）新建文件、打开文件、关闭文件、保存文件。
2）填充工具的简单应用。
3）了解矩形选框工具的基本属性和简单操作。
4）图层的简单应用。
实例效果如图2-1所示。

2. 操作步骤

1）新建文件。执行"文件"→"新建"命令，弹出"新建文档"对话框，文件名称设置为"精美的信纸"，大小设置为300×400像素，分辨率为72，颜色模式为RGB，8位，背景内容为白色，单击"创建"按钮，完成，效果如图2-2所示。

2）执行"窗口"→"图层"命令（或按<F7>键），调出图层面板，效果如图2-3所示。

图2-1　实例效果图

3)单击图层面板下方的 创建新图层按钮,添加新的图层,新建图层默认名称为"图层1",如图2-4所示。

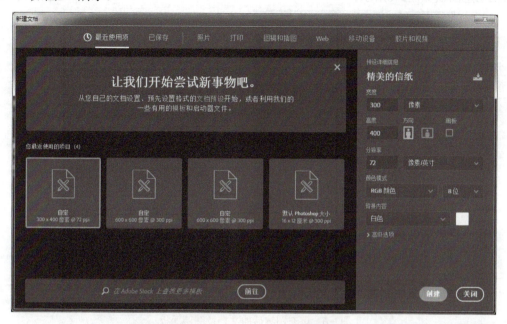

图2-2　新建文档对话框的设置

图2-3　图层面板

图2-4　新建图层后的图层面板

4)选择工具箱中的 油漆桶工具,单击其工具属性栏上 按钮,从弹出的下拉菜单中选择"图案"填充,单击右侧的 ,打开"图案"拾色器,单击"预设图案"窗口右上角的 按钮,从弹出的快捷菜单中选择"自然图案"项,单击"追加(A)"按钮,将"自然图案"项追加到预设图案中,选择"黄菊(265×219像素,RGB模式)"图案,如图2-5所示。

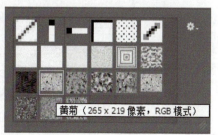

图2-5　选择黄菊图案

5）将光标指针移动到文档窗口，单击鼠标将填充的图案覆盖"图层1"，此时的文件效果及图层面板如图2-6所示。

a）　　　　　　　　　　　　　　　b）

图2-6　填充图案后的文档及图层面板

a）文档窗口　b）图层面板

6）单击图层面板下方的创建新图层按钮，添加新图层的默认名称为"图层2"。

7）选择工具箱中的油漆桶工具，按照步骤4）的方法将"彩色纸"项追加到预设图案中，选择"笔记本纸（128×128像素，RGB模式）"图案，将光标指针移动到文档窗口，单击填充图案覆盖"图层2"，此时的文件效果及图层面板如图2-7所示。

a）　　　　　　　　　　　　　　　b）

图2-7　为图层2填充图案

a）填充文档窗口　b）图层面板

8)选择工具箱中的矩形选框工具,在其工具属性栏中设置,将光标指针移动到文档窗口左上位置,按住鼠标左键向右下拖曳,形成一个矩形选框,释放左键,得到圆角矩形选框,效果如图2-8所示。

9)执行"选择"→"反向"命令(或按<Ctrl+Shift+I>组合键),反选"图层2"。执行"编辑"→"清除"命令(或按<Del>键),清除选区内容,如图2-9所示。

图2-8 制作选区图　　　　　　　　　图2-9 清除选区内容后的效果图

10)执行"选择"→"取消选择"命令(或按<Ctrl+D>组合键),取消选区。

11)执行"文件"→"存储"命令,弹出"存储为"对话框,选择适当的存储路径,选择保存格式为"JPEG",文件名为"2.1.1",效果如图2-10所示,单击"保存"按钮,弹出"BMP选项"窗口,单击"确定"按钮完成。

图2-10 储存文件

3. 知识点讲解

(1)了解文件的新建、打开、保存

1)新建文件是Photoshop CC 2017的基础操作,在制作图片的时候,一般建议是新建文件,将其他的素材图片部分或全部拖曳到新建文件中进行编辑。新建文件的具体操作步骤是执行"文件"→"新建"命令,或者使用快捷键<Ctrl+N>,会弹出"新建"对话框,逐步设置文件的名称、大小、分辨率、模式、背景内容,单击"确定"按钮。

2)打开文件的具体操作步骤是执行"文件"→"打开"命令,或者使用快捷键<Ctrl+O>,或者在图像窗口的空白处快速双击,弹出"打开"对话框,可以选择需要打开的素材图片，若要同时打开多个连续或不连续的文件，在选择时分别按下<Shift>键或<Ctrl>键进行选择。

3）保存文件具体操作步骤是执行"文件"→"存储"或"存储为"命令，选择存储路径，图片的名称及格式。系统默认的格式是Photoshop的固有格式PSD格式，除此之外，常见的保存格式还有JPG、GIF、PNG、PDF等，单击"保存"按钮，完成。

（2）矩形选框工具

1）矩形选框工具的使用非常简单。矩形选框工具可以在图像或图层中选取出矩形或正方形选区，当要制作正方形选区时，只要在使用矩形选框工具的同时按住<Shift>键即可。选框工具的作用，通常情况下有两方面，一方面是如实例中所使用选框工具来选取对象，另一方面是新建选区，填充选区，创建图形。例如，要在新建文件的窗口中创建一个圆形区域，单击椭圆选框工具，在选择时按下<Shift>键，建立如图2-11所示的圆形选区。

在工具箱中选择填充工具，单击默认前景色和背景色按钮，前景色为黑色，将鼠标移动到图2-11的选区内，单击，就生成了一个黑色圆形图片，如图2-12所示。

图2-11　建立圆形选区　　　　　图2-12　填充选区

2）选框工具的羽化和消除锯齿设置。羽化选项的作用就是虚化选区的边缘，模糊边界，处理边界范围和色彩透明度，在制作合成效果时会得到较柔和的过渡效果，但会丢失选区边缘的一些细节。单击工具箱中的选框工具，工具属性栏上出现，在选项栏中输入羽化值，该数值定义羽化边缘宽度，范围为1～250像素。例如，新建40×40像素的圆形选区，将羽化值分别设置为0像素、10像素、15像素时，得到效果如图2-13所示。

a)　　　　　　　b)　　　　　　　c)

图2-13　设置不同像素羽化效果

a) 0像素羽化　b) 10像素羽化　c) 15像素羽化

羽化数值根据选区的大小而定，如果选区小而羽化数值大，则小选区可能变得非常模糊，以至于看不到，因此不可选。如果出现"任何像素都不大于50%选择"，应减小羽化数值或扩大选区大小。

消除锯齿的作用是软化边缘像素与背景像素之间的颜色转换，使选取的锯齿状边缘平滑，由于只改变边缘像素，因此没有细节丢失。例如，新建10×10像素的圆形选区，选择"消除锯齿"，单击填充工具，填充黑色，按<Ctrl+D>快捷键撤消选区，得到一个黑色圆；

再新建一个10×10像素的圆形选区，不选择"消除锯齿"，单击填充工具，填充黑色，按<Ctrl+D>快捷键撤消选区，得到另外一个黑色圆；单击工具箱中的缩放工具，在工具属性栏上单击按钮，分别在两个黑色圆上单击数次，都放大到800%，得到的效果如图2-14所示。

图2-14 选择消除锯齿和未选择消除锯齿效果
a）选择消除锯齿 b）未选择消除锯齿

3）样式：包括正常、固定长宽比，固定大小3种。样式为正常，建立的选取大小和形状随意性很大；样式为固定长宽比，建立的选取的形状已经固定；样式为固定大小，则建立的选取大小和形状都是固定的。

（3）图层

1）了解图层。图层是创作各种合成效果的重要途径，使用图层的最大好处是可以将不同的图像放在不同的图层中，各自独立，对其中的任何一个图像进行处理，不会影响其他图像。在默认情况下，图层中灰白相间的方格表示该区域没有像素，是透明的，透明区域是图层所特有的特点。如果将图层中的某部分内容删除，该区域也将变成透明。

2）图层的种类。除了普通图层之外，Photoshop还提供了一些比较特殊的图层。

背景图层是专门用于显示背景颜色的，不能对其进行位置移动和改变透明度，一个作品只能存在一个背景图层。背景图层可以转化为普通图层，执行"图层"→"新建"→"背景图层"命令，弹出"新建图层"对话框，设置各项参数后，双击背景层，直接将其转化为普通图层。

文字图层有其特殊性，不能使用其他的工具进行编辑，不能进行绘画，滤镜处理。若要对文字图层进行填充、滤镜等处理，应将文字图层转化为普通图层，该过程被称为"栅格化文字"，执行"图层"→"栅格化"→"文字"命令。文字图层一旦栅格化就无法对文字的内容、字体等参数进行编辑和修改。

形状图层是指使用"形状"工具或"钢笔"工具创建形状时，自动生成的图层。

3）图层面板。打开实例2.1.1的图层面板，如图2-15所示。

图2-15 图层面板

：设置图层之间的混合模式，除了"正常"选项，还包括溶解、变暗、正片叠底、颜色加深、线形加深，变亮等混合模式。

：单击右侧的三角按钮，拖动滑钮可以调整当前图层的不透明度，也可以直接输入数字。

：单击右侧的三角按钮，拖动滑钮可以调整当前图层的填充百分比，也可以直接输入数字。

将"填充"和"不透明度"都输入数字相同的数字，得到的效果相同，都能更改图层的不透明度。将图层的不透明度设为50%，填充设为100%，与不透明度设为100%，填充为50%的效果，在图像中看是相同的。如果将两者都设为50%，那么图层就是25%的实际不透明度。"填充"百分比，它的效果看起来和图层不透明度差不多，但它只针对图层中原始的像素起作用。

：锁定图层的透明度，锁定图像编辑，锁定位置，锁定全部。

：每个图层的最左边都有眼睛标志，单击图标可以隐藏或显示这个层。如果在某一图层的眼睛图标处按下鼠标拖动，所经过的图层都将被隐藏，如果按住<Alt>键点击某图层的眼睛标志，将会隐藏除此之外所有的图层，再次按住<Alt>键单击即可恢复其他图层的显示。

：单击此图标可链接图层。

：单击此图标可以为图层添加图层样式。

：单击此图标可给当前图层增加图层蒙版。

：单击此图标可在弹出菜单中选择新调整图层或填充图层。

：单击此图标可创建图层组。

：单击此图标可创建新图层。

：将图层拖曳到此图标上，可删除图层。

：单击此图标，可弹出一个关于图层操作的下拉菜单。

另外，如图2-16所示为图层缩览图和图层区域，图层缩览图显示当前图层的内容，双击文字可以重命名，另外，当鼠标停留在图层上指针变为手形时，按住鼠标左键，上下拖动可以改变当前图层的位置。

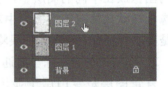

图2-16　图层缩览图和图层区域

4. 课后练习

打开"素材"\"第二章"中"花.PSD"文件，运用本课所学知识处理成如图2-17的效果。

图2-17　课后练习效果图

扫码在线观看操作视频

解题思路

1）打开"花.PSD"文件。

第2章　Adobe Photoshop CC 2017的基础知识

2）选中"花3"图层，用椭圆选框工具，设置羽化值，调整选区位置，反选选区内容，按<Del>键删除内容，将该部分透明，显现部分"花2"图层的内容。

3）同理，选中"花2"图层，用椭圆选框工具，扩大选取区域，反选选区内容，按<Del>键删除内容，将该部分透明，显现部分"花1"图层的内容。

2.1.2　实例二　绘制企鹅

1．本实例需掌握的知识点

1）掌握选区的创建、编辑及灵活应用。
2）掌握移动工具的使用。
3）掌握填充工具的使用。
实例效果如图2-18所示。

图2-18　实例效果图

2．操作步骤

1）新建文件，执行"文件"→"新建"命令，文件名称为"企鹅"，大小400×400像素，分辨率为72，颜色模式为RGB，8位，背景内容为透明，单击"确定"按钮。

2）双击"图层1"，将图层重新命名为轮廓。选择工具箱中的 椭圆选框工具，将工具属性栏上的羽化值设置为0，单击 样式右侧的按钮，选择"固定大小"，设置宽为150像素，高为150像素。

3）在文档窗口中，拖动鼠标指针滑动到文档垂直中时，出现一条闪烁的彩色线，释放鼠标左键，生成选区如图2-19所示。

4）选择椭圆选框工具 ，单击工具属性栏上的添加到选区按钮 ，选择"固定大小"，设置选区宽为200像素、高为200像素，在文档窗口中，拖动鼠标指针滑动到文档垂直中时，出现一条闪烁的彩色线，释放鼠标左键，选区效果如图2-20所示。

图2-19　绘制圆形选区

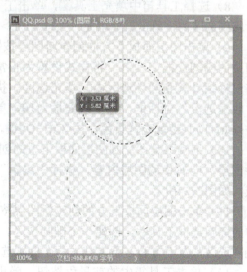

图2-20　添加选区效果

5）单击工具箱中的默认前景色和背景色按钮■，选择工具箱中填充工具■，将鼠标指针移到选区内，单击鼠标填充，效果如图2-21所示。

执行"选择"→"取消选择"命令，取消选取。

6）单击图层面板下方的创建新图层按钮■，此时在图层面板中出现一个名称为"图层1"的新图层，将"图层1"重命名为"腹部"。选择椭圆选框工具■，单击工具属性栏上的新选区按钮■，在文档窗口中，单击鼠标，生成选区，移动选区到合适位置，执行"选择"→"变换选区"命令，在圆形选区周边出现8个方形控制点，拖动控制点变换选区，效果如图2-22所示。

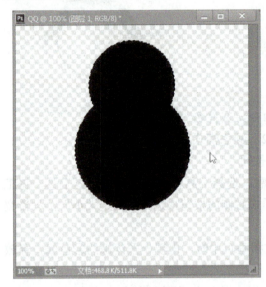

图2-21 填充轮廓选区　　　　　　　图2-22 变换选区

7）单击工具属性栏上的进行变换按钮☑（或按<Enter>键），确认选区变换。

8）选择工具箱中填充工具■，单击工具箱中的切换前景色和背景色按钮■，将鼠标指针移到选区内，单击鼠标填充。按<Ctrl+D>键，取消选取。

9）单击图层面板下方的创建新图层按钮■，新建的图层重命名为"眼睛"。选择工具箱中的椭圆选框工具■，将样式设置为正常，创建一个眼睛椭圆选区。选择填充工具■，将鼠标指针移到圆环选区内，填充选区。执行"选择"→"修改"→"收缩"命令，弹出"收缩选区"对话框，设定收缩量为10，单击"确定"按钮。向右拖动选区到合适位置，按<Ctrl+Del>键填充背景色，按<Ctrl+D>键，取消选取，如图2-23所示。

10）拖动眼睛图层到图层面板下方的创建新图层按钮■，此时在图层面板上生成眼睛复件图层，向右移动图层内容，执行"编辑"→"变换"→"水平翻转"命令，右眼制作完成，如图2-24所示。

11）单击图层面板下方的创建新图层按钮■，新建的图层重命名为"嘴"。选择工具箱中的椭圆选框工具■，创建一个椭圆选区。单击工具属性栏上的从选区减去按钮■，分别用椭圆选区从左下方和右下方减去两个椭圆选区，形成嘴的选区，如图2-25所示。

12）单击工具箱中的前景色按钮，弹出"拾色器（前景色）"对话框，输入RGB的值为：255，255，0，对话框设置如图2-26所示，单击"确定"按钮。

20

第2章　Adobe Photoshop CC 2017的基础知识

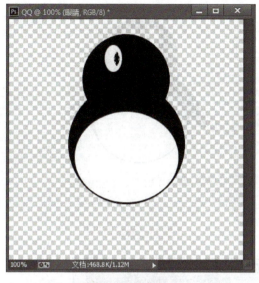

图2-23　绘制眼睛

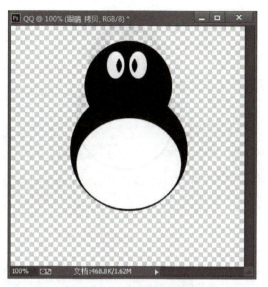

图2-24　眼睛完成效果

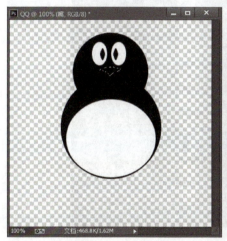

图2-25　嘴的选区

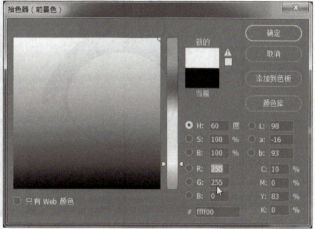

图2-26　"拾色器（前景色）"对话框

按<Alt+Del>键，为嘴选区填充前景色。按<Ctrl+D>键取消选取。

13）单击图层面板下方的 创建新图层按钮，新建的图层重命名为"翅膀"。选择工具箱中的椭圆选框工具 ，创建一个椭圆选区，执行"选择"→"变换选区"命令，旋转选区到合适位置，如图2-27所示。按<Enter>键，确认选区变换。

14）单击工具箱中的默认前景色和背景色按钮 ，按<Alt+Del>键，为翅膀选区填充前景色，按<Ctrl+D>键取消选取。复制翅膀图层，通过水平翻转制作另一只翅膀，如图2-28所示。

15）参考前面的操作，绘制脚。将脚的图层拖到图层最下方，文档窗口和面板效果如图2-29所示。

16）选择"轮廓"图层，单击图层面板右上角的 按钮，在弹出的图层操作下拉菜单中"选择合并可见图层"命令，将所有图层合并为一个图层。

图2-27 翅膀选区变换　　　　　　　图2-28 翅膀效果

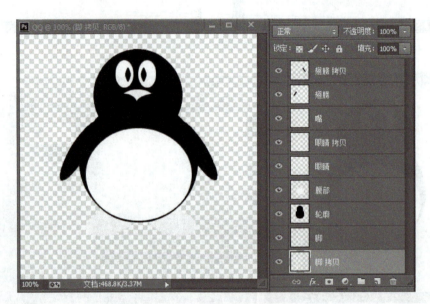

图2-29 文档窗口和图层面板

17）按住<Ctrl>键，单击图层缩览图，将图层载为选区，执行"选择"→"存储选区"命令，在存储选区对话框中将名称设置为轮廓，单击"确定"按钮。

18）单击图层面板下方的创建新图层按钮，新建的图层重命名为"围脖"。选择工具箱中的椭圆选框工具，创建一个椭圆选区，单击工具属性栏上的从选区减去按钮，用椭圆选框工具绘制一个椭圆选区相减形成月牙状，再单击工具属性栏上的添加到选区按钮，添加一个椭圆选区，选区如图2-30所示。

19）执行"选择"→"载入选区"命令，通道选择轮廓，操作选择与选区交叉，如图2-31所示，单击"确定"按钮。

20）单击工具箱中的前景色按钮，弹出"拾色器（前景色）"对话框，输入RGB的颜色值为：255，0，0。单击"确定"按钮。

按<Alt+Del>键，为选区填充前景色。按<Ctrl+D>键取消选取。

21）保存文件。

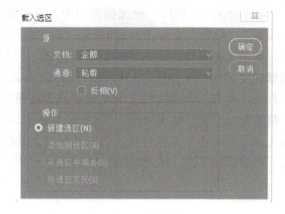

图2-30 围脖选区相减，相加效果　　　　图2-31 载入选区选框

3．知识点讲解

选区的创建与修改：

（1）创建选区。在Photoshop中，选区的创建可以通过选区工具、运用菜单命令、运用图层、运用蒙版和通道、运用路径等。

1）单行选框工具：用于绘制一个像素的水平直线区域。直接在文档中单击鼠标即可。选择方法同上。

单列选框工具 ：来创建选区：用于绘制一个像素的垂直直线区域。直接在文档中单击鼠标即可。选择方法同上。

2）使用套索工具创建选区。套索工具、多边形套索工具通过手动绘制，不具备检测颜色、亮度、饱和度或更改位置的能力，完全靠手和眼来确定选择区域。

套索工具 ：用于选择不规则的区域，通过拖动鼠标来绘制任意选择区域。按<Alt>键，套索工具 、多边形套索工具 和磁性套索工具 可以相互切换。

多边形套索工具 ：按住套索工具不放可以选择此工具。通过单击鼠标来选择，按<Ctrl>键或双击，完成选区的建立；按<Shift>键单击并移动限定方向为垂直、水平或45°；按<BackSpace>键或<Del>键删除建立选区时的临时控制点。

磁性套索工具 ：适用于选取图形颜色与背景颜色反差较大的图像选区。

3）使用魔棒工具 和快速选择工具 创建选区。魔棒工具 可用来选择图像中颜色相同和相似的不规则区域。在选择魔棒选区工具后，单击图像中的某个点，即可将图像中该点附近颜色相同或相似的区域选取出来。

快速选择工具 可以用来选取颜色单一或是多种颜色组成的图像对象，该工具利用可调整的圆形画笔笔触快速绘制选区。在拖动鼠标的过程中，选区会向外扩展并自动查找和跟随图像中定义的边缘，其工具栏属性如图2-32所示。

图2-32 快速选择工具属性栏

快速选择工具 的具体应用，在后面几章将详细介绍。

使用选区运算创建选区。所谓选区的运算就是指新选区▣、添加到选区▣、从选区减去▣、与选区交叉▣。例如，在文档窗口中，选中椭圆选框工具◯，单击工具属性栏上的新选区按钮▣，设置大小为180×180像素，新建圆形选区，如图2-33a所示。选中椭圆选框工具◯，单击工具属性栏上的添加到选区按钮，按住<Shift>键新建一个小一点圆形选区，释放鼠标左键，结果如图2-33b所示。按<Ctrl+Z>键取消，取消上步的操作。选中椭圆选框工具◯，单击工具属性栏上的从选区减去按钮，按住<Shift>键新建一个小一点圆形选区，释放鼠标左键，结果如图2-33c所示。按<Ctrl+Z>键取消，取消上步的操作。选中椭圆选框工具◯，单击工具属性栏上的与选区交叉按钮▣，按住<Shift>键新建一个小一点圆形选区，释放鼠标左键，结果如图2-33d所示。

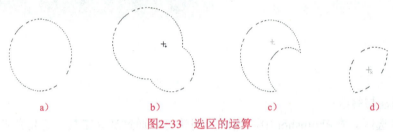

图2-33 选区的运算

a) 原始选区　b) 选区相加　c) 选区相减　d) 选区交叉

灵活使用选区运算，能创建很多选区，如图2-34所示。

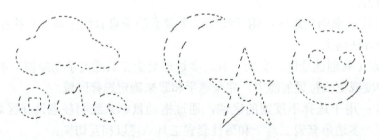

图2-34 灵活使用选区运算

运用菜单命令、图层、蒙版和通道、路径等方法创建选区的方法在后面几章中介绍。另外如果需要选择现有选区以外的区域可以反选选区，按<Ctrl+Shift+I>键。按<Ctrl+A>键，选择整个图像。

（2）选区的编辑修改

1）移动选区是指只移动选区的位置而不移动选区中的内容。先选择任意选区工具，将鼠标指针移到选区内部，拖动鼠标。也可以在选择了选区工具的情况下，通过键盘上的上下左右光标键来精确移动选区位置，按一次键移动一个像素的位置，如果按住<Shift>键，则一次移动10个像素的位置。

2）变换选区是指对选区进行缩放、旋转、斜切、扭曲、透视和变形的操作。执行"选择"→"变换选区"命令，或将鼠标移到选区当中，单击鼠标右键，也会弹出"变换选区"快捷菜单，选区四周将出现8个控制手柄的变换选区调整框，如图2-35所示。

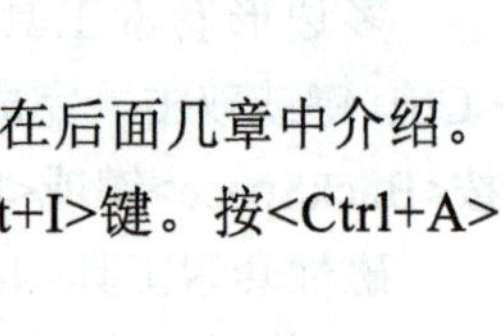

图2-35 变换选区

利用鼠标拖曳控制手柄可以对选区作相应的变换，按<Enter>键即确认选区的变换，若想取消变换选区的操作，可按键盘上的<Esc>键。

在弹出的修改选区快捷菜单中可以选择"缩放""旋转""斜切""透视""变形"命令，对选区作相应的变换。

3）执行"选择"→"修改"命令。对选区进行边界、平滑、扩展、收缩的操作。

打开"素材"\"第2章"文件夹中的"叶子.jpg"图片，用矩形选框工具的在文档窗口建立一个矩形选区，如图2-36所示。执行"选择"→"修改"→"边界"命令，打开"边界选区"对话框，将"宽度"设置为40像素，单击"确定"按钮，此时在原有选区上又套一个选区，效果如图2-37所示。

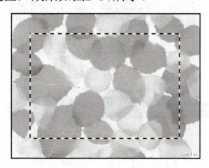
图2-36　建立矩形选区

图2-37　边界选区对话框

选择工具箱中的渐变填充工具■，单击工具属性栏上的■打开"渐变编辑"对话框，编辑渐变色对选区进行填充，效果如图2-38所示。

连续按<Alt+Ctrl+Z>键，撤消多次，返回如图2-35所示的矩形选区的画面。执行"选择"→"修改"→"平滑"命令，打开"平滑选区"对话框，将"取样半径"设置为40像素，单击"确定"按钮，此时原有选区的直角变为圆角，效果如图2-39所示。

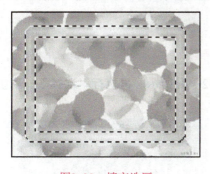
图2-38　填充选区

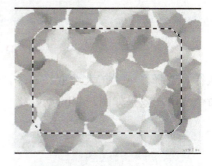
图2-39　平滑选区

执行"选择"→"修改"→"扩展"命令，打开"扩展选区"对话框，将"扩展量"设置为40像素，单击"确定"按钮，此时原有选区向外扩大，效果如图2-40所示。

回到原始矩形选区状态。执行"选择"→"修改"→"收缩"命令，打开"收缩选区"对话框，将"收缩量"设置为80像素，单击"确定"按钮，此时原有选区向内缩小，效果如图2-41所示。

4）扩大选取和选取相似。扩大选取：在原来已经有选区的基础上，以魔棒工具指定的容差值扩大相邻的选区。选取相似：在原来已有选区的基础上，以魔棒工具指定的容差值选取所有图片中颜色相近的选区，包括相邻的和不相邻的。选择工具箱中的魔棒工具，设置工具属性栏，如图2-42所示，使用魔棒工具在文档窗口单击建立一个不规则选区，如图2-43所示。

图2-40　扩展选区

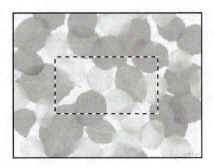

图2-41　收缩选区

图2-42　魔棒工具属性栏

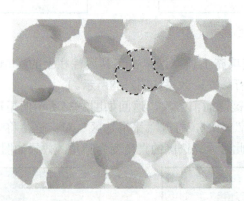

图2-43　建立不规则选区

执行"选择"→"扩大选取"命令，效果如图2-44a所示，再执行"选择"→"扩大选取"命令两次，效果如图2-44b所示。

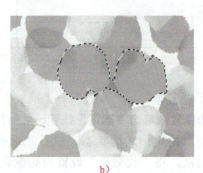

a)　　　　　　　　　　　　　　　　b)

图2-44　扩大选取命令

a) 扩大选取一次　b) 扩大选取两次

第2章　Adobe Photoshop CC 2017的基础知识

执行"选择"→"选取相似"命令，效果如图2-45所示。

图2-45　选取相似

5）选区的载入和存储：载入选区，是将存储到通道中的选区载入到图片中，载入时，要选择所载入的通道名称；存储选区，将现有的选区，存到通道中，在通道中暂时存储。

移动工具的使用：使用移动工具可以移动选区内容、移动图层、移动参考线等。选择工具箱中的移动工具，工具属性栏如图2-46所示。

图2-46　移动工具属性栏

"自动选图层"，此项对多个图层的图像才有实际作用，若选择此项，离鼠标最近的图层是被自动选定。"排列"和"分布按钮"是用来对多个图层或选择区进行排列、对齐和等距离分布操作。

4. 课后练习

灵活运用选区和填充工具，完成如图2-47所示效果。

图2-47　课后练习效果图　　　　　　　扫码在线观看操作视频

解题思路

1）新建文件，大小350×350像素，分辨率为72，颜色模式为RGB，8位，背景内容为透明，单击"确定"按钮，完成。

2）使用椭圆选区工具，执行"选择"→"修改"→"收缩"命令，建立光盘内外区域，并填充颜色。

3）执行"编辑"→"描边"命令，绘制光盘边线；执行"编辑"→"选择性粘贴"→"粘入"命令，将图片素材贴入盘面并调整。

4）改变图层的不透明度，设置半透明效果。

2.1.3　小结

本段课程主要学习图层、选区、移动工具、填充工具的相关知识，其中包括选区的建立、编辑，选区选取图像，使用移动工具移动对象。其中对选区的应用是贯穿本段课程的主要知识点，不论是创建新的图像还是选择图像都离不开选区的操作，灵活运用选区是初学者学习的关键。

2.2　Adobe Photoshop CC 2017 基本工具使用二

2.2.1　实例一　包装纸平面图

1. 本实例需掌握的知识点

1）掌握定义图案的使用和编辑方法。
2）掌握行列选框工具的用途。
3）了解标尺的用途。
4）了解参考线的用途和使用方法。

实例效果如图2-48所示。

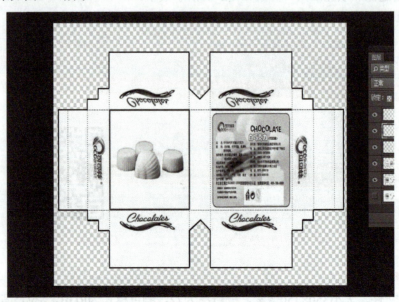

图2-48　实例效果图

第2章　Adobe Photoshop CC 2017的基础知识

2. 操作步骤

1）新建文件4×1像素，分辨率为150，RGB颜色模式，背景内容为透明。

2）执行"视图"→"标尺"命令，在文档窗口的上方和左侧分别显示水平标尺和垂直标尺，把鼠标指针指向标尺，右击选择标尺度量单位为"像素"。

3）选择工具箱中的缩放工具，单击工具属性栏上的放大按钮，将鼠标指针移向窗口，连续多次单击鼠标，直至文档的显示比例为800%。

4）将前景色设置为黑色，按<Alt+Del>键，填充图层。

5）选择工具箱中的工具，把鼠标指针指向水平标尺，按住左键不放拖动，在垂直标尺刻度值为"2"处释放鼠标，生成一条水平参考线；把鼠标指针指向垂直标尺，按住左键不放进行拖动，在水平标尺刻度值为"2"处释放鼠标，生成一条垂直参考线，此时窗口被参考线划分为4部分，文档窗口如图2-49所示。

6）选择工具箱中的矩形选框工具，将鼠标指针移动到参考线划分的左上角部分，框选出宽为2像素、高为1像素的选区。

7）按<Del>键，删除选区内容，按<Ctrl+D>键，取消选择。

8）执行"编辑"→"定义图案"命令，弹出"图案名称"窗口，输入"水平虚线"，单击"确定"按钮，如图2-50所示。

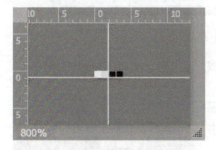

图2-49　设置参考线后的文档窗口　　　图2-50　定义水平虚线图案

9）执行"图像"→"图像旋转"→"90度（顺时针）"命令。

10）执行"编辑"→"定义图案"命令，弹出"图案名称"窗口，输入"垂直虚线"，单击"确定"按钮。

11）打开"素材"\"第2章"\"包装纸.PSD"文件。选择工具箱中的工具，把鼠标指针指向水平标尺，按住左键不放拖动，在垂直标尺刻度值为"165"和"355"处释放鼠标，生成两条水平参考线；把鼠标指针指向垂直标尺，按住左键不放进行拖动，在水平标尺刻度值为"30""80""130""325""375""570""620""670"处生成垂直参考线，此时文档窗口如图2-51所示。

12）选择工具箱中的单列选框工具，将鼠标指针移动到刻度为"30"的垂直参考线，单击鼠标左键，在垂直参考线所在位置生成单列选区，单击工具属性栏上的添加到选区按钮，将其他垂直参考线位置都添加单列选区。

13）新建"图层1"，执行"编辑"→"填充"命令，弹出"填充"对话框，单击"内容"窗口"使用"旁边的小三角，从弹出的快捷菜单中选择"图案"项，单击"自定图案"缩略图旁边的小三角，会弹出"图案"窗口，此时已经定义的"垂直虚线"图案已经

29

出现在窗口底部，选择如图2-52所示的"垂直虚线（1×4像素，RGB模式）"图案。

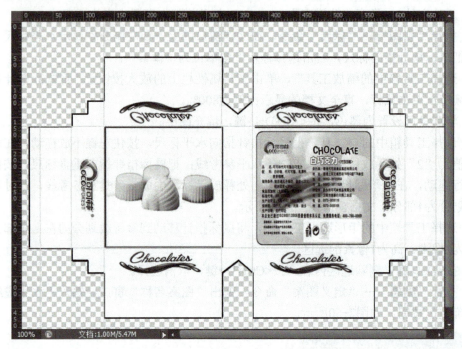

图2-51　多条参考线的文档窗口

14）回到"填充"对话框，单击"确定"按钮，按<Ctrl+D>键，取消选择，此时窗口生成8条垂直虚线。

15）选择工具箱中的单行选框工具，单击工具属性栏上的添加到选区按钮，分别在水平参考线位置单击鼠标左键，生成两处单行选区。

16）执行"编辑"→"填充"命令，弹出"填充"对话框，单击"自定图案"缩略图旁边的小三角，选择"水平虚线（4×1像素，RGB模式）"图案，回到"填充"对话框，单击"确定"按钮。按<Ctrl+D>键，取消选择。

图2-52　选择定义的图案

17）按住<Ctrl>键，单击素材图层缩览图，将素材图层载为选区，执行"选择"→"反向"命令，单击"图层1"，按<Del>键。按<Ctrl+D>键，取消选择。

18）执行"视图"→"清除参考线"命令。此时文档窗口中虚线显示的折线效果图已经完成，保存文件。

3．知识点讲解

（1）定义图案　在Photoshop中自带一些"图案"，这些"图案"可以通过执行"编辑"→"填充"命令应用于图像，但许多时候这些原有的"图案"并不能满足我们的需求，所以需要自定义图案。图案的定义过程很简单，用矩形选框工具选取一块区域，然后执行"编辑"→"定义图案"命令，在弹出的"图案名称"对话框输入图案的名称，单击"确定"按钮，完成图案的存储。

需要注意的是，必须用矩形选框工具选取，并且羽化值一定设置为"0像素"（无论是选取前还是选取后），否则定义图案的功能就无法使用。另外如果不创建选区直接定义图案，将把整幅图像作为图案。

（2）行列选框工具　　单行选取工具可以在图像或图层中选取出1个像素高的横线区域，按住<Shift>键的同时，可以接着选出多个高度为1像素的选区。单列选框工具的使用方法和单行选框工具相同，可创建只有1像素宽的列选区。

在使用行列选框工具时，一定要将羽化值设置为0，因为选区的宽度和高度仅仅为1个像素，它的羽化程度不可能大于高度或宽度的数值。

（3）标尺　　标尺是在图像处理和绘制图像过程中测量或精确定位。

执行"视图"→"标尺"命令，或按快捷键<Ctrl+R>，可以显示标尺，再次执行"视图"→"标尺"命令，隐藏标尺；把鼠标指针指向标尺，右击选择度量单位，可以切换标尺的显示单位。另外，执行"编辑"→"首选项"→"单位与标尺"命令，打开如图2-53所示的"首选项"对话框，在第一栏的下拉菜单中选择"单位与标尺"，可以设置标尺的单位。

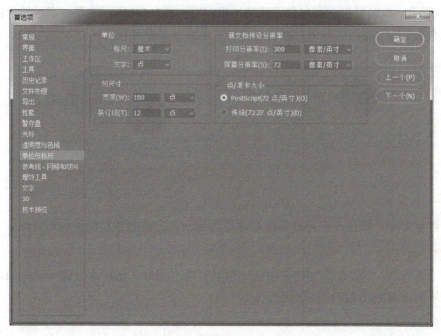

图2-53　在首选项中设置单位与标尺

标尺的原点，即标尺水平和垂直的0刻度交汇点，默认在图像的左上角。将鼠标指针移动到窗口左上角的标尺的交叉点上，按住鼠标左键从标尺的左上角向图像拖动，出现一组十字线，生成新的坐标原点；双击左上角可以还原标尺原点到默认点。

（4）参考线　　执行"视图"→"新参考线"命令，在弹出的对话框内输入水平或垂直的坐标位置，可以创建位置精确的参考线。另外，在标尺显示的状态下，把鼠标指针指向水平标尺，按住鼠标左键不放拖动，可以拖出一条水平参考线；把鼠标指针指向垂直标尺，按住鼠标左键不放进行拖动，可以拖出一条垂直参考线。

执行"视图"→"显示"命令,在打开的子菜单中选择"参考线"命令,当子菜单中的"参考线"命令前出现"ü"符号表示显示参考线,反之则隐藏参考线。

选择工具箱中的 移动工具,把鼠标指针指向水平参考线,鼠标指针变为 ,按住鼠标不放拖动,可以移动水平参考线;把鼠标指针指向垂直参考线,鼠标指针变为 ,按住鼠标不放拖动,可以移动垂直参考线;若要防止误操作改变参考线的位置,可执行"视图"→"锁定参考线"命令锁定参考线。

要删除一条参考线,可以拖动到标尺;要删除所有的参考线,则执行"视图"→"清除参考线"命令。

Photoshop提供的智能参考线能根据图层内容自动判断对齐方式的功能非常实用。首先要执行"视图"→"对齐"命令,确保对齐功能开启,并且"视图"→"对齐到"→"参考线"有效,这样就可以使用智能参考线的对齐功能了。为了更好地观看对齐效果,特别是在图像中内容繁多的时候准确判断对齐的对象和方式,应同时开启"视图"→"显示"→"智能参考线",智能参考线默认为洋红色,例如,利用智能参考线将两个圆进行上对齐,拖动黑色小圆向上移动,当上端出现一条洋红色智能参考线时,表示两个对象已经对齐了,效果如图2-54a所示,拖动黑色小圆向左下移动,当出现如图2-54b所示效果,表示黑色圆上边界与兰色圆水平中心对齐,同时黑色圆右边界与兰色圆左边界对齐。

图2-54 智能参考线
a)上对齐 b)中心、边界对齐

需要注意的是,即使没有开启智能参考线的显示,它的对齐功能也仍然有效。

4. 课后练习

打开"素材"\"第2章"文件夹中的"信封要求"图片,运用本节课所学知识,完成如图2-55所示的国内B6号信封的正面设计。

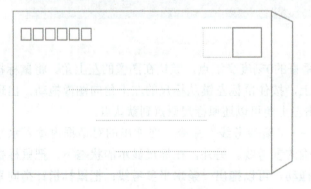

图2-55 课后练习效果图

扫码在线观看操作视频

第2章　Adobe Photoshop CC 2017的基础知识

解题思路

1）新建文件200mm×150mm。
2）打开标尺，设置显示单位为"mm"。
3）按照给定尺寸建立参考线，精确定位。
4）使用矩形、单行、单列选框工具绘制线条。
5）定义虚线图案，并应用。
6）通过选区操作删除多余线条。

2.2.2　实例二　瓷砖

1．本实例需掌握的知识点

1）熟练图案填充的操作。
2）熟练使用标尺、参考线进行定位以及行、列选框工具的应用。
3）熟练图层的基本操作，熟练图层样式的应用。
实例效果如图2-56所示。

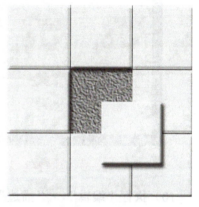

图2-56　实例效果图

2．操作步骤

1）新建文件300×300像素，文件名为"瓷砖"。

2）选择工具箱中的油漆桶工具，单击工具属性栏上的　右边的小三角，选择"图案"，单击　右侧的小三角，打开"图案"拾色器。

3）单击"预设图案"窗口右上角的小三角，从弹出的快捷菜单中选择"图案2"项，打开名称为"Adobe Photoshop"的图案替换对话框，单击"追加（A）"按钮，将"图案2"项追加到预设图案中。

4）此时"图案2"项中的图案已经出现在"预设图案"窗口中，选择"灰泥（131×131像素，灰度模式）"图案，填充背景图层。

5）新建"图层1"，选择工具箱中的油漆桶工具，单击"预设图案"窗口右上角的小三角，从弹出的快捷菜单中选择"彩色纸"项，打开名称为"Adobe Photoshop"的图案替换对话框，单击"追加（A）"按钮，将"彩色纸"项追加到预设图案中。

6）此时"彩色纸"项中的图案已经出现在"预设图案"窗口中，选择"大理石花纹纸（128×128像素，RGB模式）"图案，填充"图层1"。

7）执行"视图"→"标尺"命令，在文档窗口的上方和左侧分别显示水平标尺和垂直标尺，把鼠标指针指向标尺，右击选择标尺度量单位为"像素"。

8）选择工具箱中的　工具，把鼠标指针指向标尺，按住左键不放拖动，建立参考线，用参考线拉出格子，如图2-57所示。

9）选择工具箱中的　单列选框工具，单击工具属性栏上的　添加到选区，将鼠标指针分别移动到各个垂直参考线，单击鼠标左键，选择工具箱中的　单行选框工具，单击工具属性栏上的　添加到选区，将鼠标指针分别移动到各个水平参考线。单击鼠标左键，形成的

33

选区如图2-58所示。

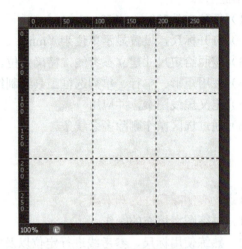

图2-57　设置参考线　　　　　　　　图2-58　沿参考线制作选区

10）执行"编辑"→"描边"命令，弹出"描边"对话框，设置"宽度"为1像素，"颜色"为黑色，"位置"为居中。单击"确定"按钮，执行描边命令。

11）执行"选择"→"反向"命令，按<Ctrl+J>键，生成新的"图层2"。

12）删除"图层1"，按住<Ctrl>键，单击"图层2"，将"图层2"载为选区。

13）单击图层面板下方的添加图层样式按钮，弹出图层样式对话框，在斜面浮雕和投影两项前的小方框内单击，为图层添加斜面浮雕和投影样式。

14）执行"选择"→"取消选择"命令，此时图像效果如图2-59所示。

15）选中"图层2"，用矩形选框工具按格子的大小画出一个矩形选区，效果如图2-60所示。

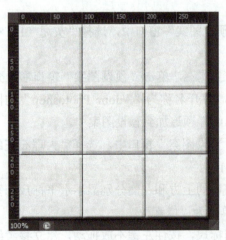
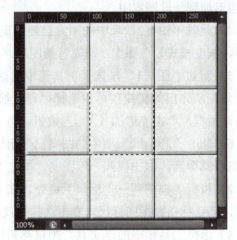

图2-59　取消选择后的图像效果　　　　图2-60　绘制矩形选区

16）按<Ctrl+J>键复制到"图层3"。

17）按<Ctrl>键的同时，鼠标点击"图层3"，载入选区，单击"图层2"，按<Delete>键删除，执行"选择"→"取消选择"命令。

18）选择"图层3"，选择工具箱中的 工具，移动"图层3"的内容，位置如图2-61所示。

19）执行"视图"→"清除参考线"命令，保存文件。

3．知识点讲解

行选框工具和列选框工具虽然并不是常用工具，但是在制作1像素的横线或者竖线时较为方便。单行选框工具和单列选框工具可以分别选取一行或一列像素。需要强调的是选取工具选择的选区都是首尾相接、闭合的区域，单行选框工具和单列选框工具所选取的区域只有一个像素的宽度，所以选区看上去像一条虚线，但放大观看，它仍是一个闭合的区域。

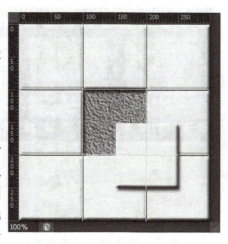

图2-61　移动图层3的位置

标尺和参考线是Photoshop提供的辅助用户处理图像的工具，对图像不起任何编辑作用，仅用于测量或定位图像，使图像处理更精确，提高效率。参考线浮在整个图像上，在打印图像时不会打印出来。

图层样式是一些特殊图层效果的集合。本节实例简单为图层添加了投影以及添加斜面和浮雕的样式。图层在添加投影样式后，层的下方会出现一个轮廓和层的内容相同的阴影，阴影有一定的偏移量，默认情况下会向右下角偏移。例如，蓝色圆图层应用"投影"图层样式前、后的变化如图2-62a和图2-62b所示。

图2-62　使用图层投影样式
a）使用投影样式前　b）使用投影样式后

添加斜面和浮雕的样式后，可在图层的图像上产生立体效果。斜面和浮雕样式包括内斜面、外斜面、浮雕、枕形浮雕和描边浮雕，虽然它们的选项都是一样的，但是制作出来的效果却大不相同。例如，图2-62a在内斜面样式作用下产生效果如图2-63a所示，在外斜面样式作用下产生效果如图2-63b所示，在浮雕样式作用下产生效果如图2-63c所示，在枕形浮雕样式作用下产生效果如图2-63d所示，在描边浮雕样式作用下产生效果如图2-63e所示。

图2-63　使用斜面浮雕样式效果
a）内斜面样式　b）外斜面样式　c）浮雕样式　d）枕形浮雕样式　e）描边浮雕样式

图层样式是Photoshop中一个非常强大的功能，运用图层样式可以制作出各种眼花缭乱的效果。

4．课后练习

运用所学知识制作如图2-64所示的胶片效果。

图2-64　课后练习效果图

扫码在线观看操作视频

解题思路

1）新建文件30×200像素，填充黑色背景。

2）使用矩形选框工具建立20×20像素的选区，调整位置，删除内容。

3）将20×20像素的选区向下移动，调整位置，删除内容。

4）定义图案。

5）新建文件600×200像素，背景透明。

6）用刚定义的图案填充图层。

7）使用矩形选框工具建立120×120像素的选区，调整位置，删除内容。

8）选区向右移动，调整位置，删除内容。

9）新建图层，用矩形选框工具建立130×130像素选区，调整位置，填充预设图案。

10）复制图层，排列图层。

2.2.3　小结

本段课程在前面课程的基础上继续深入学习了Adobe Photoshop CC 2017基本工具的使用，侧重灵活应用移动工具、选框工具、填充工具，同时学习图案、行列选框工具及标尺与参考线等工具的使用。对图案、行列选框工具及标尺与参考线的使用操作步骤是贯穿本段课程的主要知识点。到目前为止，虽然学习了几个常用基础工具的使用，但是很少能独立使用其一，一般情况下都要求用户将几种工具灵活巧妙穿插运用，使得创作更加方便、高效。

2.3　Adobe Photoshop CC 2017基本工具使用三

2.3.1　实例一　饮品

1. 本实例需掌握的知识点

1）掌握快速选择工具和魔棒工具创建选区的方法。

2）灵活区分运用快速选择工具和魔棒工具。

实例效果如图2-65所示。

第2章　Adobe Photoshop CC 2017的基础知识

2. 操作步骤

1）打开"素材"\"第2章"\"饮品"图片。

2）选择工具箱中的 ![] 工具，将工具属性栏上的容差值设置为60，在图像的白色区域单击，生成选区效果如图2-66所示。

3）执行"选择"→"修改"→"扩展"命令，扩展量设置为6像素。

4）执行"编辑"→"填充"命令，在弹出的对话框中，单击"内容"右侧的按钮，在弹出的下拉菜单中选择"内容识别"，单击"确定"按钮。按<Ctrl+D>键取消选取，填充效果如图2-67所示。

图2-65　实例效果图

图2-66　魔棒制作选区

图2-67　内容识别填充效果

5）打开"素材"\"第2章"\"美女"图片。

6）选择工具箱中的快速选择工具 ![]，单击打开工具属性栏上的"画笔"选取器，设置大小为20，硬度为60%，在图像的背景区域单击，生成选区效果如图2-68所示。

7）按住<Alt>键，单击胳膊、头部以及部分头发，此时生成选区效果如图2-69所示。

图2-68　快速选取的选区

图2-69　按<Alt>键快速选取的选区

37

8）执行"选择"→"反向"命令。

9）单击工具属性栏上"选择并遮住"按钮，弹出"属性"对话框，将透明度设置为20%，勾选边缘检测选项中的"智能半径"，半径设置为10像素，输出设置选择输出到"新建图层"。选择调整边缘画笔工具，在发丝的部位进行涂抹，效果如图2-70所示。

图2-70　调整边缘设置快速选择发丝

10）选择工具箱中的工具，将新生成的图层拖拽到可口可乐文件中，调整美女图片的位置，并将该图层的混合模式设置为"颜色加深"。

11）保存文件。

3．知识点讲解

（1）魔棒工具

魔棒工具选取对象是根据图像的颜色进行选取，而不必跟踪其轮廓。一般情况下，魔棒工具都是用来选择颜色相同或比较相近的区域，对色调反差比较大或者类似颜色较多的图片，也可以采用魔棒工具进行快速选取。

使用魔棒工具进行选取的操作非常简单，选择工具箱中的工具，根据实际情况设置其属性，在图片中用鼠标单击要选择的颜色区域中的某一点，即可自动完成选区操作。

强调一点：不能在位图模式的图像中使用魔棒工具。

选择工具箱中的工具，其工具属性栏如图2-71所示。

图2-71　魔棒工具属性栏

在选项栏中，有选取工具的共同属性，创建新选区、添加到选区、从选区减去、与选区交叉，在前面的学习过程中已经详细介绍，不再重复。

"容差"选项：用于设定魔棒工具在创建选区时，对颜色差异的允许程度。容差的范围在0～255之间，一般设置在30左右。输入的容差值较小时，选择的像素颜色与单击的像素颜色非常相似，若将容差值设置为0，则只选取一种颜色；输入的容差值较大时，选择的像素颜色比较宽，若将容差值设置为255，则选取所有颜色，即全选。

例如，实例中用到"蝴蝶"图片，选择魔棒工具，设置容差值，然后单击蝴蝶翅膀中的橙色部分，若将容差值设置为5，效果如图2-72a所示；将容差值设置为30，效果如图2-72b所示；将容差值设置为100，效果如图2-72c所示。

图2-72　容差选项

a）容差值为5　b）容差值为30　c）容差值为100

"连续"选项：若勾选此项，只选择相似的颜色且相邻的区域；否则，相似颜色的所有像素都将被选中。例如，使用魔棒工具选择图片"花"中的黄色部分，若勾选"连续"选项，效果如图2-73a所示；未勾选"连续"选项，效果如图2-73b所示。

图2-73　连续选项

a）勾选效果　b）未勾选效果

"消除锯齿"选项：若勾选此项，可以使选区的边缘更加平滑。

"对所有图层取样"选项：若选择此项，可以在全部图层中选择类似的颜色。若未选择此项，则只在当前处于激活状态下的图层中进行选取。例如，在本实例文件中，选择魔棒工具，注意不选择"连续"选项，选择"对所有图层取样"，单击蝴蝶翅膀中的黑色部分，效果如图2-74a所示；未选"对所有图层取样"，效果如图2-74b所示。

图2-74　对所有图层取样选项

a）选择　b）未选择

"选择并遮住…"功能取代了Photoshop CS6版本中的"调整边缘",它能帮助用户创建精准的选区和蒙版,更能清晰地分离前景和背景元素。操作简单,对以前的功能作了进一步优化和加强。

单击"选择并遮住…",进入调整工具。左边的工具分别是快速选择工具、调整边缘画笔工具、画笔工具、套索工具、抓手工具和缩放工具。快速选择工具和套索工具都是为了方便地进行选取。调整边缘画笔要比原来的好用得多,选择更加准确和快速,配合加减号能很容易的抠出边缘毛发。画笔工具不能选择颜色,而是用来精确绘制选区,在黑白视图模式下,画出黑白两色代表选中或不选中,与通道和蒙版一样,加号时绘制白色,代表选中的区域,按住<Alt>或选中减号时画出黑色,表示没有选区。

右边的调整项和原来的是一样的,如图2-75所示。

a) b)

图2-75 选择并遮住属性对话框

a)视图和边缘检测 b)全局调整和输出对话框

视图模式:用来设置选区的预览方式,例如,单击黑底图标,可在黑色背景下预览选区;单击白底图标,可在白色背景下预览选区。

智能半径:用来确定选区边界周围的区域大小,增加半径,可以在包含柔化过度或细节的区域中创建更加精确的选区边界,如短的毛发中的边界,或模糊边界等。

对比度:可以锐化选区边缘,并去除模糊的不自然观感。增加对比度可以移去由于半径设置过高而导致在选区边缘附近产生的过多杂色。

平滑:用于减少选区边界中的不规则区域,创建更加平滑的轮廓。

羽化:可为选区设置羽化,范围为0~250像素。可以产生与羽化命令相同的结果。

移动边缘:它们与收缩和扩展命令相同,正值扩展边界,负值收缩边界。收缩选区有助于从选区边缘移去不需要的背景色。

输出到:选择选区输出的方式,例如,2.3.1实例中输出到新建图层,将选区内容呈现在新的图层上,相当于选区确定后,按<Ctrl+J>键。

(2)快速选择工具

快速选择工具和魔棒工具的相同点在于它们都可以选择某个不规则范围的选区,建立选区的速度非常快。

区别:快速选择工具是通过调节画笔大小来控制选择区域的大小。形象一点说就是可以"画"出选区,功能很强大,而魔棒工具是通过调节容差值来调节选择区域,一次只能选择"一片"区域。如果要选择整个图片上相似的颜色区域,可以先用魔棒来选择某一块颜色,然后在菜单栏里选择"选择"→"选取相似",快速选择工具是没有容差值这个属性的。

两种工具使用时配合快捷键会更方便:按<Shift>键加选选区,按<Alt>键是减选选区。

4.课后练习

打开"素材"\"第2章"\"人"、"狗"和"香烟"图片,完成如图2-76所示效果。

图2-76 课后练习效果图

扫码在线观看操作视频

解题思路

1)新建文件。

2)打开"素材"\"第二章"文件夹中的素材图片"人"、"狗"和"香烟",选择工具箱中的 工具,分别将素材图片拽到新建文件中,将素材"人"的图片置底层。

3)选择工具箱中的 工具,灵活设置容差值,在图层"狗"的白色区域单击,反选出狗头,并通过选择与遮住命令进行调整,新建到新图层。

4)选择快速选择工具将香烟背景删除,调整图片位置。

2.3.2 实例二 回归

1.本实例需掌握的知识点

1)熟练使用套索工具创建选区。

2）掌握在放大视图中灵活控制套索工具。
3）灵活选择"套索""多边形套索"和"磁性套索"工具创建选区。
实例效果如图2-77所示。

图2-77 实例效果图

2. 操作步骤

1）新建文件790×560像素。

2）打开"素材"\"第二章"\"豹子"和"森林"。

3）选择工具箱中的 工具，分别将素材图片"豹子"和"森林"拖拽到新建文件中，将素材"豹子"的图片置于顶层，图层命名为"豹子"，将素材"森林"所在图层命名为"森林"。

4）分别调整两个图层的位置。

5）选择图层"豹子"，选择工具箱中的缩放工具 ，单击工具属性栏上的放大按钮 ，将视图的显示比例放大到300%。

6）将鼠标指针移动到工具箱中的 工具，按住鼠标左键，选择工具箱中的磁性套索工具 ，在工具属性栏上设置宽度为5像素，边的对比度为5%，频率为80，工具属性栏上设置效果如图2-78所示。

图2-78 设置磁性套索工具属性栏

7）使用磁性套索工具 ，沿"豹子"的外轮廓制作选区，"豹子"头部选取效果如图2-79所示。

8）按住<Space>键，鼠标指针变为手，向右拖动，改变显示内容，效果如图2-80所示。

9）移动到合适位置，松开空格键，继续使用磁性套索工具 ，沿"豹子"的外轮廓制作选区。

10）按<Ctrl+->键，缩小显示比例到100%，使用磁性套索工具 ，完整选取效果如图2-81所示。

图2-79　绘制选区轮廓

图2-80　变指针为手形拖动图像改变显示内容

图2-81　使用套索工具选择豹子的完整轮廓

11）双击鼠标，得到豹子的外轮廓制作选区。
12）执行"选择"→"修改"→"收缩"命令，收缩1像素。
13）执行"选择"→"羽化"命令，羽化1像素。
14）按<Ctrl+J>键，得到"图层3"，隐藏"豹子"图层，图像以及图层效果如图2-82所示。

图2-82　图像效果及图层面板

15）选择工具箱中的多边形套索工具,在工具属性栏上设置宽度为5像素,选中"森林"图层,沿着树轮廓制作选区,效果如图2-83所示。

图2-83 制作树的选区

16）双击鼠标,得到选区,按<Ctrl+J>键,得到"图层4"。

17）删除"豹子"图层。复制"图层3",生成"图层3副本",将"图层3副本"移动到"图层4"下方,选择工具箱中的移动工具,移动"图层3副本"中豹子的位置,此时图层内容以及图层面板效果如图2-84所示。

图2-84 复制图像并调整位置

18）保存文件。

3．知识点讲解

（1）"套索"工具 "套索"工具包括"套索""多边形套索"和"磁性套索",经常用于通过跟踪图像区域来创建选区。使用任何一种"套索"工具,都是点击鼠标开始创建

第2章　Adobe Photoshop CC 2017的基础知识

选区，然后拖动鼠标直到选区创建完成；如果没有返回选区的开始点，每个工具会自动封闭选区（选区都是闭合的）。一般情况下，"套索"工具用于创建自由选区，"多边形套索"工具用于创建多边形形状的选区，"磁性套索"工具用于创建精确的选区，能自动对齐到图像的边缘，使用起来非常节省时间。

与"套索"和"多边形套索"一样，"磁性套索"工具也具有"羽化"和"消除锯齿"选项，除此之外，它还包含3种设置：

1)"宽度"设置用于控制图像边缘的检测，根据这个值来决定距离一个点多远来寻找图像边缘，当这个值被设置为5像素时，磁性套索工具将5个像素之内都看成图像边缘。使用工具时，按<[>或<]>键可以实时增加或减少采样宽度。

2)"频率"控制定位点创建的频率，设定范围在0～100之间，数值越大，越能更快地固定选择边缘。

3)"边对比度"用于控制"磁性套索工具"沿着图像边缘，对不同的对比度做出反应，数值低，将检测低的对比度边缘。

（2）选取恰当的套索工具　"套索"工具使用的频率较高，在使用过程中一定要灵活。一般套索工具操作时要求一气呵成，对于初学者，掌握有一定的难度；对于边界明显的对象，推荐使用磁性套索工具，边界不明显的对象，推荐使用一般套索工具；建立边角较多的选区就使用多边形套索工具。

（3）在放大视图中灵活控制套索工具　在使用套索工具创建选区时，往往需要放大或缩小视图，但此时不能使用"缩放工具"，只能使用其快捷键<Ctrl++>来放大视图，使用<Ctrl+->来缩小视图。

在视图显示比例较大的情况下，需要按住空格键，转换成手形工具，即可移动视窗内图像的可见范围。

4. 课后练习

打开"素材"\"第2章"\"水果"图片，用套索工具选取对象，完成如图2-85所示效果。

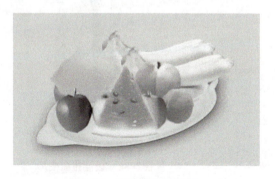

图2-85　课后练习效果图　　　　　　　　　　扫码在线观看操作视频

解题思路

新建文件，使用多边形套索工具选取西瓜，使用磁性套索工具选取盘子和其他水果，移动图层。

2.3.3 实例三 扇子

1. 本实例需掌握的知识点

1）熟练掌握自由变换和操控变形的应用。

2）理解自由变换中辅助功能键<Ctrl>、<Shift>、<Alt>和<T>键的含义。

3）理解操控变形的工作原理。

4）了解裁切工具和旋转视图工具的使用。

实例效果如图2-86所示。

图2-86 实例效果图

2. 操作步骤

1）新建文件，名称为"扇子"，大小设置为600×600像素，分辨率为72，RGB颜色模式，背景内容为透明。

2）选择工具箱中矩形选框工具 创建一个矩形选区。

3）选择工具箱中的渐变填充工具 ，单击工具属性栏上的 打开"渐变编辑"对话框，编辑渐变色，设置颜色灰色（RGB的值为160，160，160）到白色（RGB的值为：255，255，255）的渐变。

4）单击"确定"按钮，回到渐变填充工具的属性栏，单击线性渐变按钮 ，在选区上，从左向右，按住鼠标拖拽，到边界松开鼠标，填充颜色，效果如图2-87所示。

5）按<Ctrl+D>键，取消选择。

6）按<Ctrl+T>键，矩形的周边会出现8个方形控制点，右击选取"扭曲"命令，将左下角和右下角的方形控制点向下方中间控制点拖动，扭曲效果如图2-88所示，按<Enter>键确认扭曲变形。

图2-87 创建并填充矩形区域

图2-88 进行扭曲变形

7）单击图层面板下方的新建按钮 ，创建新图层"图层2"。

8）重复操作步骤2）～4），创建扇子的骨架，并用椭圆工具抠出中心点，效果如图2-89所示。

9）拖动"图层2"到"图层1"下方，单击图层面板右上角的小三角，从弹出的快捷菜单中选择"合并可见图层"命令。

10）拖动"图层1"到图层面板下方的新建按钮，创建"图层1"的副本，按<Ctrl+T>键，将中心控制点移到空心小圆位置，效果如图2-90所示。

11）将光标停放在右上角的方形控制点，指针形状为，拖动鼠标旋转扇面，如图2-91所示，松开鼠标。

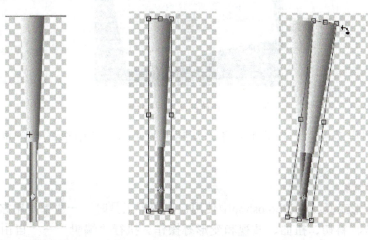

图2-89　建立扇架　　图2-90　移动中心控制点　　图2-91　旋转变换效果

12）按<Enter>键完成操作。

13）按<Ctrl+Shift+Alt>键，连续按6次<T>键，旋转复制形成扇子，文件窗口以及图层效果如图2-92所示。

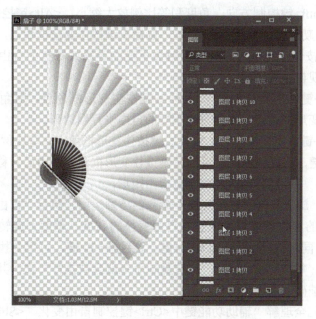

图2-92　变换效果和图层面板

14）选择工具箱中的裁剪工具，对图像进行合理的裁切。

15）选择工具箱中的旋转视图工具，对画布进行旋转，效果如图2-93所示。

图2-93 旋转视图工具旋转画布

16)单击图层面板右上角的小三角,从弹出的快捷菜单中选择"合并可见图层"命令,保存文件。

3. 知识点讲解

(1)自由变形工具　在Photoshop中使用自由变形工具时,一般都是用它来对选定对象进行缩放、旋转、斜切、扭曲、透视和变形等操作。执行"编辑"→"自由变换"命令,在选定对象的周边会出现8个方形控制点,用鼠标调节8个控制点,从而改变对象的外形。按键盘上的回车键即确认对象的变形,若想取消对象的变形操作,可按键盘上的<Esc>键。具体操作步骤与前面学习选区变换相同。

自由变换的快捷键为<Ctrl+T>,辅助功能键包括<Ctrl>、<Shift>、<Alt>,其中<Ctrl>键控制自由变化;<Shift>键控制方向、角度和等比例放大缩小;<Alt>键控制中心对称。

1)不使用辅助功能键,只用鼠标拖动　鼠标左键按住变形框角点,实现对角不变的自由变形;鼠标左键按住变形框边点,实现对边不变的等高或等宽的自由变形;鼠标左键在变形框外拖动,实现自由旋转。

2)按下<Ctrl>键,用鼠标拖动　鼠标左键按住变形框角点,对角为直角的自由四边形;鼠标左键按住变形框边点,实现对边不变的自由平行四边形。

3)按下<Shift>键,用鼠标拖动　鼠标左键按住变形框角点,等比例放大或缩小。

4)按下<Alt>键,用鼠标拖动　鼠标左键按住变形框角点,中心对称自由矩形;鼠标左键按住变形框边点,中心对称的等高或等宽自由矩形。

5)旋转复制　旋转复制"自由变换"命令的巧妙运用,执行"自由变换"命令后,在工具属性栏中相应的参数可以自由地控制自由变换的高度、宽度、旋转角度等属性。敲击两次<Enter>键后,同时按<Ctrl+Shift+Alt>键,连续按<T>键,可重复执行"自由变换"的"旋转复制"命令。每按一次<T>键,旋转复制命令就会被执行一次,其变化的数值是在上一次变换命令的的基础上进一步变化。

其实,如果能完全理解"辅助功能键中<Ctrl>键控制自由变化,<Shift>键控制方向、角度和等比例放大缩小,<Alt>键控制中心对称"的含义,在各种对象任意变形中就可以灵活实现多种变形效果。另外,<Ctrl>、<Shift>、<Alt>这3个键,在对通道、图层、蒙版等的控制上也有极大的帮助。

（2）操控变形 "操控变形"工具提供了一种可视的网格，借助该网格，可以随意地扭曲特定图像区域的同时保持其他区域不变。应用范围小至精细的图像修饰，大至总体的变换。

执行"编辑"→"操控变形"命令，在图像上出现网格，如图2-94所示。

图2-94 添加"操控变形"命令

a）未添加"操控变形"命令 b）添加"操控变形"命令后

"操控变形"的选项栏设置如图2-95所示。

图2-95 "操控变形"的选项栏

模式：确定网格的整体弹性。为适用于对广角图像或纹理映射进行变形的极具弹性的网格选取"扭曲"。

浓度：确定网格点的间距。较多的网格点可以提高精度，但需要较多的处理时间；较少的网格点则反之。

扩展：扩展或收缩网格的外边缘。

显示网格：取消选中可以只显示调整图钉，从而显示更清晰的变换预览。

在图像窗口中，单击要变换的区域和要固定的区域添加图钉，然后通过拖动图钉来调整图钉的位置，实现对图像进行变形操作，如图2-96所示。

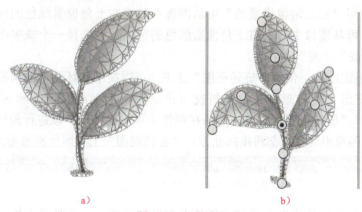

图2-96 操控变形

a）未添加图钉 b）添加图钉并调整图钉位置

要移去选定图钉，按<Delete>键。要移去其他各个图钉，请将光标直接放在这些图钉上，然后按<Alt>键，当剪刀图标出现时，单击该图标。单击选项栏中的"移去所有图钉"按钮则取消所有图钉。要选择多个图钉，按住<Shift>键的同时单击这些图钉，或从上下文菜单中选择"全选"。

变换完成后，按<Enter>键或单击工具栏上按钮进行确认。

"操控变形"功能非常强大，灵活运用能大大提高工作效率。

（3）裁剪工具　裁剪是移去部分图像以形成突出或加强构图的效果。使用裁剪工具或执行"图像"→"裁剪"命令裁剪图像。操作步骤是先选择工具箱中的裁剪工具，然后对图像进行大小取样，按<Enter>键或单击选项栏中的"提交"按钮，完成操作。如果要取消裁切操作，按<Esc>键或单击选项栏中的"取消"按钮。裁剪工具属性栏如图2-97所示。

图2-97　裁剪工具属性栏

裁剪区域：选择"隐蔽"将裁剪区域保留在图像文件中。可以通过用移动工具移动图像来使隐藏区域可见。选择"删除"将扔掉裁剪区域。（对于只包含背景图层的图像，"隐藏"选项不可用，必须将背景图层转换为常规图层。）

裁剪参考线叠加：选择"三等分"可以添加参考线，以帮助以1/3增量放置组成元素。选择"网格"可以根据裁剪大小显示具有间距的固定参考线。

屏蔽：裁剪屏蔽可以遮蔽要删除或隐蔽的图像区域。选中"屏蔽"时，可以为屏蔽指定颜色和不透明度，取消选择"屏蔽"后，裁剪选框外部的区域即显示出来。

执行"图像"→"裁切"命令也可以裁剪图像，"裁切"是通过移去不需要的图像数据来裁剪图像，使用的方式与"裁剪"命令使用的方式不同，可以通过裁切周围的透明像素或指定颜色的背景像素来裁剪图像。

裁切工具对话框如图2-98所示。

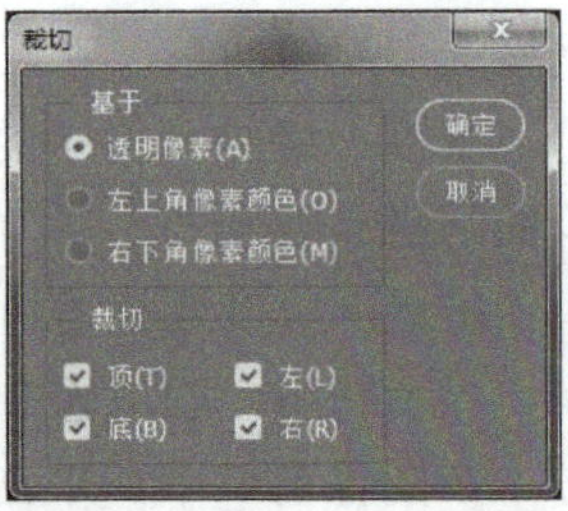

图2-98　裁切工具对话框

"透明像素"修整图像边缘的透明区域，留下包含非透明像素的最小图像，使用"左上角像素颜色"可从图像中移去左上角像素颜色的区域，使用"右下角像素颜色"可从图像中移去右下角像素颜色的区域。可选择一个或多个要修整的图像区域："顶""底""左""右"。

（4）旋转视图工具　使用"旋转视图"工具可以在不破坏图像的情况下旋转画布；这不会使图像变形。旋转画布在很多情况下很适用，能使绘画或绘制更加省事（需要OpenGL）。选择"旋转视图"工具，然后在图像中单击并拖动，以进行旋转。无论当前画布是什么角度，图像中的罗盘都将指向北方。"旋转视图"工具属性栏如图2-99所示。

图2-99　"旋转视图"工具属性栏

在"旋转角度"字段中输入数值（以指示变换的度数）。要将画布恢复到原始角度，请单击"复位视图"。当打开多个文件时，可以勾选"旋转所有窗口"。

4.课后练习

打开"素材"\"第2章"\"鱼.psd"文件,运用本节课所学知识完成如图2-100所示的效果。

图2-100　课后练习效果图　　　　　扫码在线观看操作视频

解题思路

1)打开文件,复制图层鱼,复制3份。

2)选中鱼图层,移动鱼的位置,执行"编辑"→"操控变形"命令,在鱼的头部、中间和尾部分别添加图钉,拖动图钉来调整变形。

3)选中鱼副本图层,移动鱼的位置,按<Ctrl+T>键,先对鱼进行等比例缩放,然后执行"编辑"→"操控变形"命令,在需要位置添加图钉进行调整。

4)鱼副本2和鱼副本3图层参照步骤3)进行操作。

2.3.4　小结

本段课程主要学习运用套索工具、魔术棒工具创建选区,运用自由变换和操作变形命令对对象进行变形处理,灵活运用旋转复制命令快速建立新图像以及使用裁剪工具对图像进行裁剪。套索工具、魔术棒工具创建选区时,需要认真分析图像的特点,恰当并准确地选择选取工具;对使用自由变换命令对对象进行变形处理的学习,与前段学习的选区变换相似,可以触类旁通;真正理解并掌握自由变换辅助功能键<Ctrl>、<Shift>、<Alt>和<T>键的使用是本段课程的学习难点,但也是主要知识点,需要多做练习,熟练操作步骤,最终借助它们可以灵活实现多种变形效果。

本 章 总 结

本章主要学习Adobe Photoshop CC 2017基本工具的使用,主要内容是文件的基础操作,图层的简单应用,选区的操作,移动工具的使用,变换命令与旋转复制及裁剪工具等。使用选区工具创建和选取对象是贯穿本章课程的主要知识点,不论是创建新图像还是编辑已有的图像,都离不开它;基本工具的深入理解和巧妙运用为我们今后的学习打下坚实的基础。"学而不思则罔,思而不学则殆。"希望借鉴教学实例,发挥创造和想象力,将基本工具的功能充分发挥到你的设计中去。

第3章　Adobe Photoshop CC 2017绘图修饰及图像编辑

学习目标

1）了解画笔工具组中各种工具的用途，掌握它们的使用方法及画笔形状、大小、模式等属性的设置并能够创建新的预设画笔。

2）了解如何载入Photoshop笔刷，基本掌握双重画笔的设置与使用。

3）了解仿制图章、图案图章的用途，掌握它们的使用及定义图案图章工具的方法。掌握使用"内容识别"的方法配合仿制图章快速修图及配合图章工具使用"仿制源"复制图像的方法。

4）了解修复画笔工具、修补工具及内容感知移动工具的用途，掌握它们的使用及属性设置方法。

5）了解污点修复工具及红眼工具的用途，掌握它们的使用及属性的设置方法。

6）了解加深、减淡、涂抹工具的用途，掌握它们的使用及属性设置方法。

7）掌握使用菜单栏中"图像"→"调整"中部分命令对图像进行色彩调整。

8）了解全景图，掌握使用拼合全景图的方法进行图像合并，掌握实现景深的混合方法。

9）掌握创建路径的方法，学会使用选择工具及转换点工具，能运用路径进行复制、剪切、粘贴及描边等操作，掌握形状工具及自定义形状工具的使用方法。

10）掌握Photoshop CC 2017新增功能中圆角矩形功能的使用。

3.1　画笔与铅笔工具

3.1.1　实例一　淘宝广告设计——美鞋

1. 本实例需掌握的知识点

1）画笔工具的使用及其属性的设置。

2）定义画笔预设的方法及选择适当的画笔。

3）画笔面板的使用。

实例效果如图3-1所示。

第3章 Adobe Photoshop CC 2017绘图修饰及图像编辑

图3-1 实例效果图

2．操作步骤

1）新建文件580×435像素，RGB模式，分辨率72像素，文件名称命名为"美鞋"，背景选择黑色。

2）新建"图层1"，选择 工具，单击工具选项栏上旁边的"画笔预设"选取器 按钮，选择柔边圆压力不透明度画笔，设置画笔大小180像素，如图3-2所示。单击画笔的工具选项栏上的 按钮，打开"画笔面板"。在"画笔面板"中，设置"传递"选项的不透明度抖动为100%，如图3-3所示。设置前景色RGB的颜色值为141、46、66，从左上至右下随机绘制，效果如图3-4所示。

图3-2 选择画笔　　　图3-3 设置画笔属性　　　图3-4 绘制效果

3）打开"素材"\"第三章"文件夹中的图片"高跟鞋.jpg"，选择 工具，将图片中高跟鞋选中，将其复制到"美鞋"文件中，自动生成"图层2"。

53

4）执行"编辑"→"自由变换"命令，调整高跟鞋大小。

5）制作高跟鞋倒影。复制"图层2"，生成"图层2副本"，执行"编辑"→"自由变换"命令，单击右键选择"垂直翻转"按钮，将高跟鞋倒影拖至高跟鞋的正下方，将该图层不透明度设置为30%。

6）新建"图层3"，隐藏其余图层，选择 ![] 工具，绘制任意多边形，将此多边形设置羽化2，黑色填充，如图3-5所示。

7）执行"编辑"→"定义画笔预设"命令，在弹出的"画笔名称"窗口中默认画笔名称为"多边形画笔1"，如图3-6所示。定义之后将该图层删除。

图3-5　制作画笔　　　　　　图3-6　定义画笔

8）显示所有图层，新建"图层3"，设置前景色RGB的颜色值为191、230、52，选择工具箱中的 ![] 工具，单击工具选项栏上的 ∨ "画笔预设"选取器按钮，调出"画笔样式"选取器面板，在下方的画笔的列表预览中找到刚刚设定按钮"多边形画笔1"的画笔。单击画笔的工具选项栏上的 ![] 打开"画笔面板"，设置画笔笔尖形状大小52像素，间距133%；在"形状动态"的选项中设置大小抖动100%，最小直径40%，角度抖动15%，圆度抖动37%；在"散布"的选项中设置散布值180%，数量2；在"颜色动态"的选项中设置前景/背景抖动100%，色相32%，饱和度抖动16%，亮度抖动6%。在高跟鞋下方的位置随机画，改变图层混合模式为叠加，然后将"图层3"置于"图层2"下方，效果如图3-7所示。

图3-7　画笔绘制

9）新建"图层4"，设置前景色为白色，选择 ![] 工具，单击工具选项栏上的 ∨ "画笔预设"选取器按钮，选择柔边圆压力不透明度画笔，设置画笔大小200像素，在文档的右上角至左下角处绘制，设置图层不透明度为16%，完成最终效果。

10）合并图层，保存文件。

3．知识点讲解

（1）画笔工具　　在画笔工具中有混合画笔、基本画笔、书法画笔、带阴影画笔、自然画笔等多种多样的画笔形式，可根据需要选择相应的种类。调入方法如下：

1）选择工具箱中的 ![] 工具，在画笔工具选项栏中打开"画笔预设"选取器，单击画笔列表框右上角的 ∨ 按钮，弹出分级子菜单，如图3-8所示。

2）单击"画笔预设"窗口右上角的 ✦ 按钮，弹出画笔菜单，单击选择要载入的画笔。如载入书法画笔，弹出如图3-9对话框。单击"确定"或"追加"按钮，此类型画笔即被载入使用。

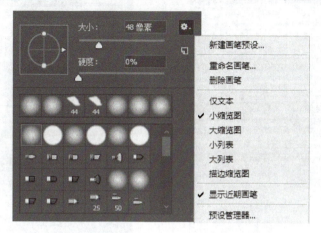

图3-8　载入画笔

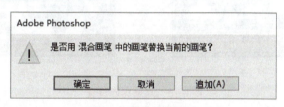

图3-9　替换当前画笔

（2）画笔工具选项栏　　在画笔工具选项栏中，"不透明度"是画笔的透明度，可以通过单击右侧的 按钮来对其透明度进行设置，数值越低透明度越大；反之越小。"流量"决定画笔在绘画时的压力大小，数值越大，画笔在绘画时的压力越大，喷出的颜色越深；反之越小、越浅。

（3）画笔绘图范围　　在使用画笔绘图时，由于图形的范围变化，需要随时调整画笔主直径的大小来适应图形区域，此时可按键盘上的快捷键<［>与<］>来进行任意调整。

（4）预设画笔　　任何现成的图案都可以作为画笔进行预设创建，对于要选择的图案，可用任何选区工具，需要轮廓清晰的，不设置羽化效果；若要边缘柔和的画笔，需适当调整羽化值。颜色的设置对于自定义画笔来说，只具有明度的变化，而没有自身的色彩，它的色彩要在绘制时设定。

（5）画笔面板　　除了直径、硬度等基本的属性外，还可以对笔刷进行一些非常详细的设定，这些都可以在画笔面板中进行设置。

例如，用画笔对"素材"\"第三章"文件夹中的图片"小树.jpg"进行处理，选择工具箱中的 工具，设置画笔属性。在"画笔预设"选取器中，选择"画笔笔尖形状"为柔边圆，设置大小42像素，打开"画笔面板"间距调为120%；设置其"形状动态"，具体设置如图3-10a；设置其"散布"，具体设置如图3-10b；还可设"颜色动态"等以达到不同的绘制效果。用设置好的画笔适当在图形上点画，在点画时根据需要自由调整画笔的主直径大小及颜色，达到最终效果如图3-11所示。画笔面板中具备多种属性，在绘制的过程中需要不断试验各种不同的效果才能达到理想的效果。

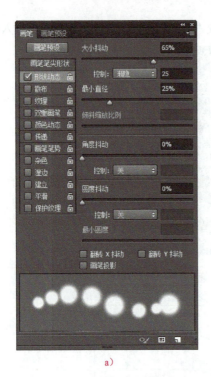 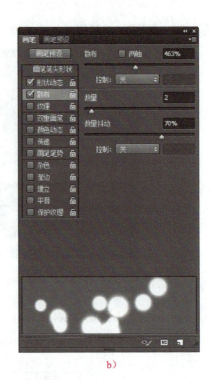

a) b)

图3-10 画笔属性设置

a）调整"形状动态" b）调整"散布"

图3-11 "小树"效果图

（6）画笔保存 如果想将自己预设的画笔保存起来，下次继续使用，可以先选择定义好的预设画笔，在画笔工具选项栏中打开"画笔预设"选取器，单击画笔列表框右上角的 按钮，在弹出分级子菜单中选择"存储画笔"，即可将画笔保存，画笔文件的扩展名为.abr。

（7）硬笔刷笔尖 可以通过硬毛刷笔尖指定精确的毛刷特性，从而创建十分逼真、自然的描边。配合混合器画笔工具使用还会达到水粉画或油画等绘画的效果，详见混合画笔工具。

在"画笔面板"中设置硬毛刷笔尖和各选项，如图3-12所示。

第3章 Adobe Photoshop CC 2017绘图修饰及图像编辑

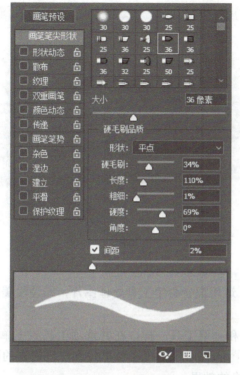

图3-12 设置硬毛刷

"形状"用来确定硬毛刷的整体排列；"硬毛刷"用来控制整体的毛刷浓度；"长度"用来更改毛刷长度；"粗细"用来控制各个硬毛刷的宽度；"硬度"用来控制毛刷灵活度，硬度设置较低，画笔的形状容易变形。要在使用鼠标时使描边创建发生变化，就要调整硬度设置；"角度"用来确定使用鼠标绘画时的画笔笔尖角度；"间距"用来控制描边中两个画笔笔迹之间的距离，当取消选择此选项时，光标的速度将确定间距；"硬毛刷画笔预览"是用来显示反映出上述设置的变化的画笔笔尖以及当前的压力和描边角度。

（8）颜色替换　在画笔工具组中还有另外一种工具，颜色替换工具 ，它的工作原理是用前景色替换图像中指定的像素，因此使用时需选择好前景色。选择好前景色后，在图像中需要更改颜色的地方涂抹，即可将其替换为前景色，不同的绘图模式会产生不同的替换效果，可以替换当前图形的"颜色""饱和度""色相""亮度"，可根据需要对对象进行编辑，常用的模式为"颜色"。

如用 工具对图3-13中小鸟的羽毛进行替换。

打开"素材"\"第3章"文件夹中的图片"小鸟.jpg"选择工具箱中 工具，设置其属性，如图3-14所示，分别设置前景色RGB的颜色值为74、202、145及209、120、231，分别在两只小鸟的羽毛处进行涂抹，在涂抹的时候要注意在轮廓的细节部分，根据需要放大图形并适当调小画笔的主直径，以使绘制区域准确，完成效果如图3-15所示。

图3-13 "小鸟"原图

57

图3-14 颜色替换工具的属性设置

图3-15 替换颜色后的效果图

（9）混合画笔工具　运用混合画笔工具处理图片，即使没美术基础也可以实现水粉画或油画风格的漂亮效果。

混合画笔选项工具栏和画笔工具一样，在其选项工具栏上单击 按钮，打开"画笔预设"选取器下拉列表，如图3-16所示。可在这里找到自己需要的画笔，使用硬笔刷，就可以很轻易地描画出各种风格的效果。

"每次描边后载入画笔" 和"每次描边后清理画笔" 两个按钮，控制了每一笔涂抹结束后对画笔是否更新和清理。类似于画家在绘画时一笔过后是否将画笔在水中清洗的选项。

图3-17是"混合模式"的类型，其中是设置好的混合画笔。当选择某一种混合画笔时，右边的4个选项设置值会自动调节为预设值，如图3-18所示。其中潮湿是指设置从画布拾取的油彩量；载入是指设置画笔上的油彩量；混合是指设置颜色混合的比例；流量是指流动速率。

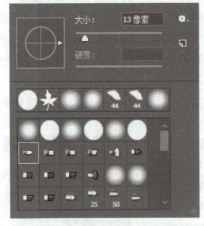

图3-16 硬笔刷 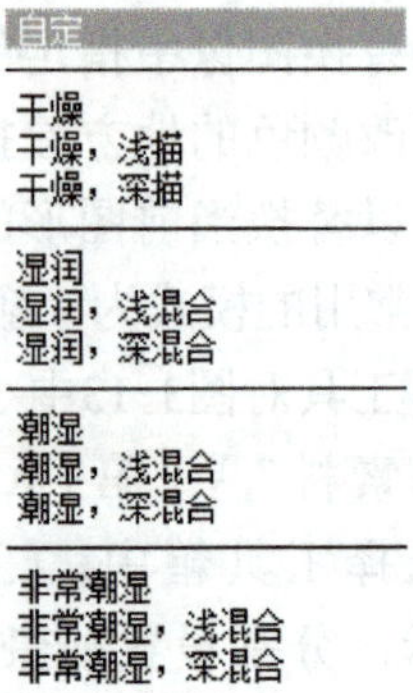　　　　　　　　　　图3-17 笔刷的混合模式

图3-18 硬笔刷属性参数设置

第3章 Adobe Photoshop CC 2017绘图修饰及图像编辑

喷枪 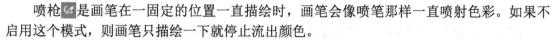是画笔在一固定的位置一直描绘时，画笔会像喷笔那样一直喷射色彩。如果不启用这个模式，则画笔只描绘一下就停止流出颜色。

"对所有图层取样"是默认将所有图层合并，并将当前混合画笔作用于这一单独的合并图层。

例如，用 工具将图3-19中的茅屋处理成油画效果，完成效果如图3-20所示。

图3-19 "茅屋"原图　　　　　　　　图3-20 "茅屋"处理后的效果图

选定画笔 ，用"非常潮湿，深混合"模式，按下"喷枪"选项，并设置如图3-21所示画笔参数，在屋顶处顺着茅草的方向拖动笔刷，完成屋顶的绘制。描绘树冠时采用转着圈移动笔刷的方法，可以根据需要随意调整笔刷的大小来画一些细节。用同样的方法来绘制草地时将笔刷的硬度调至98%。选定画笔 ，设置如图3-22所示画笔参数，描绘墙板、木栏、树干及石基，从一个固定点沿着墙、木栏、树干、石基来拖动笔刷。可以根据需要随意调整笔刷的大小来画一些细节，在绘制的时候需要耐心，细致才会得到满意的作品。

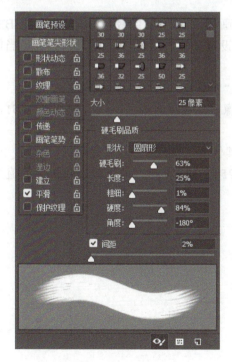 

图3-21 画笔参数设置　　　　　　　　图3-22 设置画笔参数

59

4．课后练习

打开"素材"\"第3章"\"包装"图片，用工具箱中的 工具和 工具完成如图3-23所示效果。

图3-23　课后练习效果图

扫码在线观看操作视频

解题思路

1）选择 工具，分别将铅笔的主直径设定为9像素、6像素及3像素，硬度100%。分别设置前景色RGB的颜色值为171，163，116；102，94，47及默认前景色黑色在图中右侧相应位置画其他3条竖线。

2）将"素材"中的"图案1"定义为画笔。设画笔大小为158像素；设置前景色RGB的颜色值为251，244，218，选择 工具，调出刚刚设定好的"图案1"画笔，在画面适当位置点画。

3）选择背景层上的红色区域，在"图层1"和"背景层"之间"新建图层"。

4）定义"图案2"为画笔2，设画笔大小为80像素，设置前景色RGB的颜色值为251，244，218，适当旋转笔尖，在合适位置点画。

5）定义"图案3"为画笔，在新图层上，使其位于"图层2"与"背景层"之间，设画笔大小为50像素；设置前景色RGB的颜色值为254，219，93，设置散布随机性的值为246%，在图中适当位置点画，完成最后效果。

3.1.2　实例二　创意广告设计——爱护家园

1．本实例需掌握的知识点

1）如何载入Photoshop笔刷。

2）双重画笔的设置与使用。

3）画笔面板的进一步使用。

实例效果如图3-24所示。

第3章　Adobe Photoshop CC 2017绘图修饰及图像编辑

图3-24　实例效果图

2．操作步骤

1）新建文件480×300像素，RGB模式，分辨率72像素，文件名称命名为"爱护家园"，背景选择黑色。

2）设置参考线，按<Ctrl+R>键打开标尺，在水平150像素处和垂直240处分别拉出二条参考线。

3）载入Photoshop笔刷，选择 工具，单击"画笔预设"选取器窗口右上角的 按钮，弹出画笔菜单，选择"载入画笔"，选择"素材"\"第3章"\"喷溅画笔"文件夹，点选"Dried Blood Splatters（1250 pixels）.abr"，单击"载入"按钮，可以看到新载入的喷溅画笔笔刷，如图3-25所示。

4）新建"图层1"，选择 工具，在"画笔预设"选取器中选择"Dried Blood Splatters"画笔，如图3-26所示。打开"画笔面板"，在"画笔笔尖形状"的选项中设置画笔大小180像素，间距34%；在"形状动态"的选项中设置大小抖动44%，角度抖动53%；在"散布"的选项中设置散布150%；在"传递"的选项中设置不透明抖动56%；勾选"平滑"选项，设置完成如图3-27所示。设置前景色RGB的颜色值为79，149，207，在图中所示位置绘制，效果如图3-28所示。

5）复制"图层1"，生成"图层1拷贝图层"，在此图层上按<Ctrl+T>键，单击鼠标右键选择"水平翻转"选项，将其移动到图中所示位置，使整个图形对称，效果如图3-29所示。

6）新建"图层2"，选择 工具，在"画笔预设"选取器中选择柔边圆画笔，设置其不透明度为80%，流量为80%。打开"画笔面板"，在"画笔笔尖形状"的选项中设置画笔大小60像素，间距80%；"散布"的选项中设置散布250%，数量2；在"双重画笔"的选项中选择柔角30，设置大小30像素，间距70%，模式为颜色加深；在"颜色动态"的选项中设置前景/背景抖动50%，色相抖动40%亮度抖动14%；勾选"湿边"选项。设置前景色RGB的颜色值为203，62，249，背景色为白色，在图中随机绘制，效果如图3-30所示。

7）打开"素材"\"第三章"文件夹中的图片"手.jpg"，选择 工具，将图片中手选中，将其复制到"爱护家园"文件中，自动生成"图层3"。按<Ctrl+T>键，单击选项栏上的保持长宽比 按钮，将手的图片放大至原来的120%。

图3-25 载入的喷溅画笔笔刷

图3-26 选择Dried Blood Splatters画笔

图3-27 设置画笔属性

图3-28 绘制

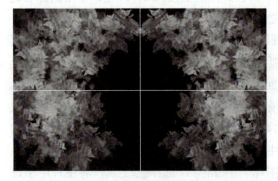

图3-29 自由变换

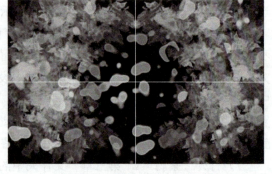

图3-30 设置双重画笔并绘制

8）复制"图层3"，生成"图层3拷贝图层"，在此图层上按<Ctrl+T>键，单击鼠标右

第3章　Adobe Photoshop CC 2017绘图修饰及图像编辑

键，选择"水平翻转"，将其移动到相应所示位置，使两只手对称，效果如图3-31所示。

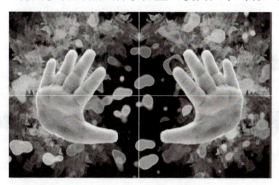

图3-31　复制手的图层

9）打开"素材"\"第三章"文件夹中的图片"地球.jpg"，选择工具，将图片中白色背景选中，按<Ctrl+Shift+I>反选，将其复制到"爱护家园"文件中，自动生成"图层4"。按<Ctrl+T>键，锁定长宽比，将地球等比缩小至原大的9%。

10）单击图层面板下方的"添加图层样式"按钮，在弹出的对话框中选择"内发光"及"外发光"选项，参数见图3-32和图3-33所示。

图3-32　设置内发光

图3-33　设置外发光

11）合并图层，清除参考线，保存文件。

3．知识点讲解

双重画笔是组合两个笔尖来创建画笔笔迹，将在主画笔的画笔描边内应用第二个画笔纹理；仅绘制两个画笔描边的交叉区域。在"画笔面板"的"画笔笔尖形状"部分中设置主要笔尖的选项。从"画笔面板"的"双重画笔"部分选择另一个画笔笔尖，然后设置以下任意选项。

通过主要和次要笔尖，可以绘制出两种画笔的混合效果，如图3-34所示。

图3-34　混合效果

模式是指选择从主要笔尖和双重笔尖组合画笔笔迹时要使用的混合模式。通过设置不同的模式，可以绘制不同的效果，模式的选择如图3-35所示。

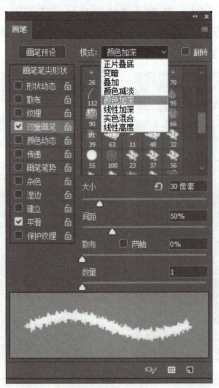

图3-35　模式选择

"直径"控制双笔尖的大小。以像素为单位输入值，或者单击"使用取样大小"来使用画笔笔尖的原始直径。（只有当画笔笔尖形状是通过采集图像中的像素样本创建时，"使用取样大小"选项才可用。）

"间距"控制描边中双笔尖画笔笔迹之间的距离。若要更改间距，请键入数字，或使用滑块输入笔尖直径的百分比。

"散布"指定描边中双笔尖画笔笔迹的分布方式。当选中"两轴"时,双笔尖画笔笔迹按径向分布。当取消选择"两轴"时,双笔尖画笔笔迹垂直于描边路径分布。若要指定散布的最大百分比,请键入数字或使用滑块来输入值。

"数量"指定在每个间距间隔应用的双笔尖画笔笔迹的数量。键入数字,或者使用滑块来输入值。

4. 课后练习

运用本节课所学知识,选用工具箱中的 工具完成如图3-36所示效果。

图3-36 课后练习效果图　　　　　　　　扫码在线观看操作视频

解题思路

1)新建文件,大小为1024×626像素,设置前景色RGB的颜色值为166、147、124,将其填充至背景层。

2)打开"素材"\"第三章"\"照片.jpg"图片,用 工具选择照片中男孩的头部位置,将其复制到新文件当中,按<Ctrl+T>键调整图片大小。

3)新建"图2",选择 工具,选用本课载入的喷溅画笔 ,调整大小为2400像素,默认前景色,在图中所示位置点画,连续单击3次。

4)按住<Ctrl>键单击"图层2",将画笔点绘的区域选定为选区,并按<Ctrl+Shift+I>键反选,选择"图层1",按删除键隐藏或删除"图层2"。

5)在背景层与"图层1"之间新建"图层3",设置前景色RGB的颜色值为214、74、223。选择 工具,载入M画笔,选用主画笔 ,在"画笔笔尖形状"的选项中设置画笔大小85像素,间距35%;在"散布"中设置散布142%;在"颜色动态"中设置色相抖动40%,亮度抖动44%。在"双重画笔"中选用副画笔 ,选择正片叠底模式,设置大小110像素,散布327%;在"传递"的选项中设置不透明度100%;勾选"湿边"选项。在图中随意绘制,完成最终效果。

3.1.3 小结

本段课程主要学习绘制工具的相关知识,主要包括"画笔工具组"中工具的用途和使用方法。它们是Photoshop重要的图像处理工具,要想熟练掌握,需要不断尝试不同属性的设置，以及其中的一些技巧，才能达到运用自如。

3.2 图章工具与图像修补及修饰工具

3.2.1 实例一　海豚表演

1．本实例需掌握的知识点

1）了解仿制图章及图案图章的用途。
2）掌握仿制图章及图案图章的使用方法。
3）设置仿制图章及图案图章的属性参数。
4）掌握自定义图案的方法。
5）掌握"内容识别"快速修图的方法。
6）掌握配合图章工具使用仿制源复制图像的方法。
实例效果如图3-37所示。

图3-37　实例效果图

2．操作步骤

1）打开"素材"\\"第三章"文件夹中的"海豚.jpg"文件。

2）使用"内容识别"的功能来处理图片上不需要的人物，选择工具箱中的 工具，在图片上选择人物及水中的倒影。

3）执行"编辑"→"填充"命令，弹出如图3-38所示对话框，在内容使用一框选择"内容识别"，混合模式选择"正常"，不透明度选择"100%，单击"确定"按钮。填充效果如图3-39所示。

4）图3-39中填充后的人像的边缘融合得不好，采用仿制图章工具来修复。选择工具箱中的 工具，按住<Alt>键在海水上单击，确定取样点，在工具选项栏中将其属性设置如图3-40所示。在边缘融合的不好的位置进行单击、拖移，复制取样的图形，完成图形的修复，效果如图3-41所示。

5）执行"窗口"→"仿制源"命令，打开仿制源面板。根据近大远小的透视关系，把宽度和高度缩放比例分别设为120%。选中"显示叠加"，其他值默认，如图3-42所示。

第3章　Adobe Photoshop CC 2017绘图修饰及图像编辑

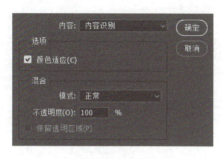

图3-38　填充选项设置

图3-39　填充效果

图3-40　仿制图章参数设置

图3-41　用仿制图章进行图片修复

图3-42　仿制源的参数设置

6）按住<Alt>键，使用鼠标在海豚身上取样，取样完成后，勾选工具选项栏中的对齐选项。在海豚的斜前方直接进行涂抹，完成复制。

7）按照同样的方法，将仿制源宽度和高度的缩放比例重新设为80%，来绘制远处的海豚，复制的效果如图3-43所示。

8）打开"素材"\"第三章"中"纹样.jpg"图片。

9）在"图层"面板上，背景层的名字上双击，弹出"新建图层"对话框，单击"确定"按钮，将背景层改为普通图层。

10）选择工具，选择整个白色背景，使背景变为透明色。执行"选择"→"反向"命令，按<Delete>键，删除黑色区域内容。

11）执行"编辑"→"定义图案"命令。在弹出的"图案名称"窗口中，将其命名为"纹样1"，单击"确定"按钮，完成图案的定义，如图3-44所示。

图3-43　复制效果　　　　　　　　　　　　图3-44　定义图案

12）在"海豚"文件中，新建"图层1"，选择工具箱中的 工具，单击工具选项栏中的 按钮，打开"图案"拾色器，选择定义好的"纹样1"图案，如图3-45所示。并设置其他属性，如图3-46所示。

图3-45　选择图案

图3-46　图案图章的属性设置

13）按住<Shift>键，在图中相应位置进行绘制，实例效果如图3-37所示。

3．知识点讲解

（1）仿制图章工具　　仿制图章工具 的作用是"复印"，就是从图像中取样，然后将样本应用到其他图像或同一图像的其他部分，使两个地方的内容一致。也可以将一个图层的一部分仿制到另一个图层，定义采样点的方法是按住<Alt>键在图像某处单击鼠标左键，然后将抽取样本应用其他图像或同一图像的其他部分。

第3章 Adobe Photoshop CC 2017绘图修饰及图像编辑

要注意采样点的位置并非是一成不变的,采样点的复制为"起始点",是以此为起点进行复制。还需要注意的是,仿制图章工具是使用笔刷进行绘制的,因此笔刷的属性设置将影响绘制范围及边缘的柔和程度,一般建议使用硬度较小的笔刷,这样复制出来的图像才能与原图像更好地融合。一般的规律是:图像的色彩边界比较分明就采用较硬的笔刷;图像中没有分明的边界就使用较软的笔刷,以达到较好的融合效果。

如果在工具选项栏中勾选"对齐"选项,那么无论对绘画停止和继续过多少次,都可以重新使用最新的取样点。如果不勾选此项,那么在每次绘画时都会使用同一样本进行绘画;另一个选项为"对所有图层取样",默认是关闭,在关闭的情况下,只能在同一图层内复制图像,如果勾选"对所有图层取样"选项,那么,仿制图章可以对任何图层中的图像作为复制的源图像进行取样,否则只对当前图层取样。在仿制图案中还可以通过工具选项栏中的选项来设置笔刷的"模式""不透明度"和"流量"来微调应用仿制区域的方式。

(2)图案图章工具 图案图章工具 是利用图案进行绘画,可以在图案库中选择,也可以自己创建图案。创建好的图案,也可对其保存,下次继续使用,具体方法与预设画笔相类似,图案文件的扩展名为.pat。在定义图案时可直接执行"编辑"→"定义图案"命令,来进行整个图形的定义,也可以用 确定选区后再进行定义,使用其他的选框工具则不能进行图案定义。

图案图章不用对采样点进行选择,只要在工具选项栏上选定一个图案之后,在图像中按下鼠标并拖动即可。如果所绘制的区域较大,则在超过的部分中图案将平铺重复出现。

工具选项栏上的"对齐的"选项是指连续对像素进行取样,即使松开鼠标按钮,也不会丢失当前取样点。如果取消选择"对齐",则会在每次停止并重新开始绘制时使用初始取样点中的样本像素。如果勾选此选项,尽管分多次绘制,那么多次绘制的图案都将保持连续平铺特性,如图3-47所示。如果不选这个选项,多次绘制就会出现如图3-48所示的效果,分次绘制出来的图案之间没有连续性,而且早先绘制的图案会被后来绘制的图案覆盖,如图3-48所示。

图3-47 勾选"对齐"选项　　　　　　　图3-48 未勾选"对齐"选项

图案图章工具选项栏中还有一个"印象派"的选项,勾选之后所绘制出来的图像就带有色彩过渡分明的印象派风格，这些色彩都取自于所选的图案。不过已经看不出图案原先的轮廓了。

（3）仿制源　　仿制源选项不是一个单独使用的工具，它要配合图章工具或修复画笔进行使用。

仿制源选项面板各项参数：

X：设置水平位移。表示源点到目标点在X轴（横向上）的垂直距离；Y：设置垂直位移。表示源点到目标点在Y轴（纵向上）的垂直距离；W：设置水平缩放比例。表示内容被复制到目标点后，与源点在宽度上的缩放百分比；H：设置垂直缩放比例。表示内容被复制到目标点后，与源点在高度上的缩放百分比；W值和H值中间的链接图标，表示宽度和高度的缩放比例会保持一致。下面一个是设置旋转角度，设置此项可以让复制后的图像旋转一定角度。勾选显示叠加选项，可以直观地预览到复制后的图像的大小和位置。

（4）内容识别　　内容识别，就是当用户对图像的某一区域进行覆盖填充时，由软件自动分析周围图像的特点，将图像进行拼接组合后填充在该区域并进行融合，从而达到快速无缝的拼接效果。一般用它结合填充命令和污点修复画笔命令来使用。

4. 课后练习

打开"素材"\"第三章"文件夹中的"古镇游船.jpg"，运用本课所学知识将其处理成如图3-49所示效果。

图3-49　课后练习效果图　　　　　　　　扫码在线观看操作视频

解题思路

1）用 工具将右侧一角水面上的小船选中，用"内容识别"填充的方法将小船去掉，用 工具处理边缘衔接生硬的地方，使其衔接自然。（可根据复制图形大小，重复操作此步骤）

2）用 工具选取甲板上干净地部分，复制并粘贴至新层，将新层中的甲板选区移动至缆绳的位置，遮盖大部分的缆绳。合并图层后用"内容识别"填充的方法及 工具处理边缘衔接生硬的地方。

3）用同样的方法处理船体及上端的文字。

3.2.2 实例二　永久的历史

1. 本实例需掌握的知识点

1）了解修复画笔工具、修补工具的用途。

2）掌握修复画笔工具、修补工具及内容感知移动工具的使用方法。

3）设置修复画笔工具及修补工具的属性参数。

实例效果如图3-50所示。

2. 操作步骤

1）打开"素材"\"第3章"文件夹中的"风景.jpg"文件。

2）使用"内容感知移动工具"来处理上面多余的文字，选择工具箱中的 工具，在其工具选项栏中选择模式为"扩展"并依据图3-51设置其属性。

图3-50　实例效果图

图3-51　"内容感知移动工具"的属性设置

3）按下鼠标左键在图中圈选出一块干净的区域作为"目标"，效果如图3-52所示。

4）在选定的区域内按下鼠标左键，向左拖移，这时鼠标变成 形状，将其覆盖文字的区域。按照同样的方法依次向左拖移，用目标图形对文字进行覆盖，得到最终的效果，如图3-53所示。

图3-52　选择目标区域

图3-53　处理画面上的文字

5）打开"素材"\"第3章"文件夹中的"圆明园.jpg"文件。

6）将这两张图片同时在工作区显示，单击工具箱中的 工具，按下<Alt>键的同时在圆明园图片的主体部分单击，以获得"取样点"，此时的鼠标指针为带圆圈的十字形，如图3-54所示。

图3-54 用"修复画笔工具"在图像上取样

7）松开<Alt>键，用鼠标风景图形上要处理的区域拖画，从而获得所采集的图像源点处的图像，如图3-55所示。

图3-55 在"风景"上绘制

8）依次重复上述操作，在风景图的不同区域采集到源图像，得到效果如图3-56所示。

图3-56 继续在"风景"上绘制，得到效果

第3章 Adobe Photoshop CC 2017绘图修饰及图像编辑

9）再次选择 工具，在风景图上用加选的方法圈出修补选区，并设置选区的羽化值为15像素，如图3-57所示。

10）在上面"修补工具"的工具选项栏中，打开"图案"拾色器，单击 按钮，在展开的菜单中选择"填充纹理"，在弹出的对话框中单击"确定"按钮。接着选择"云彩"图案，如图3-58所示。

图3-57　圈出修补选区

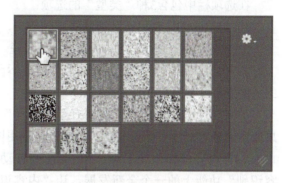
图3-58　选择图案

11）在上面"修补工具"的工具选项栏中，单击 使用图案 按钮，得到最终效果。

12）最后保存文件为"永久的历史.jpg"。

3. 知识点讲解

（1）修复画笔工具　"修复画笔工具"和"仿制工具"一样，都是与<Alt>键配合使用，利用抓取原图像或图案中的样本像素来进行绘画。与仿制图章不同的是，修复画笔工具还可以将样本像素的纹理、光照、透明度和阴影与所修复的像素进行匹配，使两者自然地衔接在一起而不留痕迹。

（2）修补工具　"修补工具"与"修复画笔工具"一样，也会将样本像素的纹理、光照等与源像素进行匹配，与修复画笔不同的是，它的操作是基于区域的，它是将其他区域或图案中的像素来修复选中的区域，因此要事先定义好一个区域，再进行操作。

在其工具选项栏中的修补项分别有"源"和"目标"二个单选项，"源"是指从目标到修补源；"目标"是指从源修补目标，如果勾选了"透明"选项，在修补时下面的背景就会透出来，有一种纹理叠加的效果，操作时可根据要修补的图形自由选择。

工具选项栏中的"扩散"是指控制粘贴的区域以怎样的速度适应周围的图像。图像中如果有颗粒或精细的细节则选择较低的值，图像如果比较平滑则选择较高的值。

（3）污点修复画笔工具　污点修复画笔工具可以快速移去照片中的污点和其他不理想部分。污点修复画笔的工作方式与修复画笔类似：它使用图像或图案中的样本像素进行绘画，并将样本像素的纹理、光照、透明度和阴影与所修复的像素相匹配。与修复画笔不同，污点修复画笔不要求指定样本点。当在要修复区域建立选区时，样本会采取选区外部四周的像素进行修复。当直接在要修复区域点按时，样本会自动采取附近区域的像素。

污点修复画笔将自动从所修饰区域的周围取样。如果需要修饰大片区域或需要更大程度地控制来源取样，可以使用修复画笔而不是污点修复画笔。

在选项栏中选取一种画笔大小。比要修复的区域稍大一点的画笔最适合，这样，只需单击一次即可覆盖整个区域。

从选项栏的"模式"菜单中选取混合模式。选择"替换"可以在使用柔边画笔时，保留画笔描边的边缘处的杂色、胶片颗粒和纹理。

在选项栏中包含3种"类型"的选项：

1）近似匹配　使用选区边缘周围的像素，找到要用作修补的区域。

2）创建纹理　使用选区中的像素创建纹理。如果纹理不起作用，请尝试再次拖过该区域。

3）内容识别　比较附近的图像内容，不留痕迹地填充选区，同时保留让图像栩栩如生的关键细节，如阴影和对象边缘。

如果在选项栏中选择"对所有图层取样"，可从所有可见图层中对数据进行取样。如果取消选择"对所有图层取样"，则只从现用图层中取样。

（4）内容感知移动工具　"内容感知移动工具"是在Photoshop CS5大受欢迎的"内容识别"功能上的一个全新发展，让"内容识别"功能在照片处理中使用更加简单，也让"内容识别"功能有更多的用途而添加的一款全新工具。"内容感知移动工具"对于照片处理的利用率要比"内容识别"高很多，并且该工具使用方法也更加简单。只需选择场景中的某个物体，将其移动到照片的任何位置，经计算，便可以完成挪移或复制，完成极其真实的合成效果。

在选项选项栏中包含3种"类型"的选项：

1）模式　模式由扩展和移动二个选项组成。扩展功能是对选区内的图像完美复制，复制后的边缘会自动柔化处理，跟周围环境融合；移动功能就是将选中的目标移动到想要的位置，移动后的空隙位置，PS会智能修复，并进行边缘高度融合。

2）结构　结构是指移动后目标边缘与周围强度的融合程度，由1~7组成，数值越低强度越高，数值越高强度越低。

3）颜色　颜色是指移动后目标边缘与周围的颜色的匹配程度，由1~10组成，数值越低颜色变化越小，数值越高越接近目标区域的颜色。

例如，用 工具对"素材"\"第三章"文件夹中的图片"猫.jpg"进行处理。执行"图像"→"画布大小"命令，在"画布大小"对话框中设置画布大小的宽度为600像素，点选定位中的 按钮，扩大画布。选择工具箱中的 工具框选小猫，再选择 工具，设置其选项工具栏上的模式为扩展，结构为5，如图3-59所示。设置完成后将矩形选框向右拖移，将其填满空白区域后在此选框中右键，选择"水平翻转"，完成合成效果，如图3-60所示。

图3-59　"内容感知移动工具"属性设置

第3章　Adobe Photoshop CC 2017绘图修饰及图像编辑

图3-60　画笔属性设置

（5）红眼工具　"红眼工具"是针对数码相机拍摄人像时，会产生红眼现象而设计的。简便到只需在红眼区域点按一下或框选而无须其他操作。

"瞳孔大小"：取值范围为1%~100%，此选项用于设置修复瞳孔范围的大小，取值越小颜色瞳孔范围越小，取值越大颜色瞳孔范围越大。

"变暗量"：取值范围为1%~100%，此选项用于设置修复范围的颜色的亮度，取值越小颜色亮度越低，取值越大颜色亮度越高即越黑。

4．课后练习

打开"素材"\"第3章"中"狗.jpg"图片，运用"污点修复工具"和"红眼工具"处理成如图3-61所示的效果。

图3-61　课后练习效果图　　　　　　　　扫码在线观看操作视频

解题思路

1）使用 工具，选择选项栏中的 内容识别 选项，来处理图片上的文字各右侧的红线。体毛上文字的处理也选中 近似匹配 选项来完成。

2）使用 工具，调整变暗量比值，消除红眼。

75

3.2.3 实例三 鸡尾酒

1. 本实例需掌握的知识点

1）加深、减淡及涂抹工具的使用。
2）加深、减淡及涂抹工具的属性设置。
实例效果如图3-62所示。

图3-62 "鸡尾酒"效果图

2. 操作步骤

1）打开"素材"\"第3章"文件夹中的"酒杯.jpg"图片。

2）选择工具箱上的 工具，在工具选项栏中将容差设为10，采用加选的方法，选中背景，然后按<Alt＋Shit＋I>组合键将酒杯选中，效果如图3-63所示。

3）执行"图层"→"新建"→"通过拷贝的图层"命令，使选区成为一个单独的新建图层。

4）再用 工具和 工具对选择的酒杯进行减选，只保留想要的部分，效果如图3-64所示。

图3-63 使用"魔术棒工具"选择　　图3-64 使用"矩形选框工具"和"套索工具"进行减选

5）选择工具箱中的 工具，设置前景色RGB的颜色值为248，251，8，在选区内涂抹，进行替色，效果如图3-65所示。

6）选择工具箱中的 ◎ 工具，在其工具选项栏中选择"硬边圆画笔"设置为："主直径"8像素，"硬度"100%，"曝光度"50%，"范围"中间调、勾选保护色调，按<Shift>键沿水平向来回点按，做出上平面效果，如图3-66所示。

图3-65　使用"颜色替换工具"在选区内替色　　图3-66　使用"加深工具"做出酒的上平面效果

7）在其工具选项栏中将"柔边圆画笔"的主直径调整为50像素，硬度改为50%，"曝光度"50%、"范围"中间调、勾选保护色调，沿酒的左侧背光部分进行加深，效果如图3-67所示。

8）选择工具箱中的 ◎ 工具，将其画笔大小的选项调整为80像素，在酒的受光区域进行减淡处理，效果如图3-68所示。

图3-67　处理酒的暗部　　　　　　　　　图3-68　使用"减淡工具"处理亮部

9）用 ◎ 工具建立选区，选择 ◎ 工具，将"柔边圆画笔"的"主直径"调整为13像素，"硬度"改为50%，调整"曝光度"为20%，对酒的右侧进行涂抹处理，细节如3-69a，得到效果如图3-69b所示。

a)　　　　　　　　　　　　　　　b)

图3-69　使用涂抹工具处理酒的右侧
a）细节效果　b）得到的效果

10）依照上述方法，选择 ◎ 工具，对杯子底部的反光部分进行处理，效果如图3-70a所示。接着沿酒的受光处及杯口再次提亮，效果如图3-70b所示。

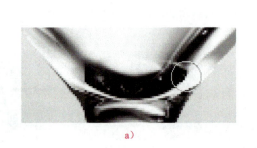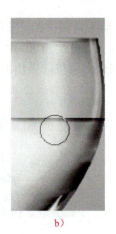

　　　　　　　a)　　　　　　　　　　　　　　　b)

图3-70　使用"减淡工具"进行提亮处理

a）杯子底部细节　b）杯口细节

11）合并图层，保存文件，将其命名为"鸡尾酒.jpg"。

3．知识点讲解

涂抹、加深和减淡，都与"画笔"工具一样，可选择不同的笔尖来操作。

（1）模糊工具、锐化工具和涂抹工具

1）模糊工具　可以将图片区域变得模糊，"模糊工具"与喷枪类似，若在一个区域停留，则模糊持续产生作用，即它的作用是连续不断的。当模糊在一个区域持续产生作用时，这个区域被模糊的程度就会越来越强。

2）锐化工具　"锐化工具"的作用和模糊工具相反，它可以让画面中模糊的部分变得清晰。"锐化工具"与"模糊工具"不同的是没有持续性，在一个区域停留不会加大锐化程度。若想强化锐化程度，可反复涂抹同一区域。

需注意的两点是，过度使用锐化效果，会在作用区域内产生类似马赛克的色斑；"锐化工具"的清晰作用是相对的，它基于图片原有的清晰度，而不能使原本模糊的图片变得更清晰。

3）涂抹工具　涂抹工具 是模拟将手指拖过湿油漆时所看到的效果，就像在一幅未干的油画上用手指抹后得到的效果，该工具可拾取单击鼠标开始位置的颜色，并沿拖移的方向展开这种颜色。

在工具选项栏中勾选"对所有图层取样"，可利用所有可见图层中的颜色数据进行涂抹。如果取消选择该选项，则涂抹工具只使用现用图层中的颜色。在工具选项栏中如果勾选"手指绘画"选项，可使用当前图像中的前景色进行涂抹，就好像用手指先蘸染一些颜料再在画面中抹一样。如果取消选择该选项，涂抹工具会使用当前绘画的起点处指针所指的颜色进行涂抹。

（2）减淡工具和加深工具和海绵工具　减淡工具 和加深工具 用于调节照片特定区域的曝光度，可用于使图像区域变亮或变暗。

1）减淡工具的作用是使局部加亮图像，可在工具选项栏上选择为高光、中间调或阴影的范围区域加亮。"中间调"是指更改灰色的中间范围；"阴影"是指更改暗区；"高

第3章　Adobe Photoshop CC 2017绘图修饰及图像编辑

光"是指更改亮区。

2）加深工具的效果与减淡工具相反，是将图像局部变暗，也可以选择针对高光、中间调或阴影区进行调整。

加深及减淡工具中新增的保护色调功能是指在操作时使画面中的亮部和暗部尽量不受影响或受到较小的影响，并且在可能影响色相时尽量保护色相不要发生改变。

这两个工具曝光度设定越大则效果越明显，如果勾选喷枪方式则在一处停留时具有持续性效果。

3）海绵工具可以对图像的区域加色或去色。"海绵"工具可以使对象或区域上的颜色更鲜明或更柔和。其选项栏内模式选项中的"降低饱和度"和"饱和"指设置是加色还是去色，选择"饱和"可增加颜色的饱和度。在灰度中，"饱和"会增加对比度。选择"降低饱和度"可减弱颜色的饱和度。在灰度中，"降低饱和度"会减小对比度；流量是指设置每次描边时的工具强度。在"饱和"模式下，较高的百分比可以增加饱和度。在"降低饱和度"模式下，较高的百分比可以增加去色，流量越大效果越明显。"海绵"工具不会造成像素的重新分布，因此"降低饱和度"和"饱和"可以互补使用。

4. 课后练习

打开"素材"\"第3章"中"梅花.jpg"图片，运用本课所学知识处理成如图3-71所示的效果。

图3-71　课后练习效果图　　　　　　　扫码在线观看操作视频

解题思路

1）模糊工具与锐化工具结合使用。
2）加深工具与减淡工具结合使用。

3.2.4　小结

本段课程主要学习图章工具、图像修补及修饰工具。其中图章工具包括仿制图章和图案图章工具；图像修补工具包括污点修复画笔工具、修复画笔工具、内容感知移动工具、

79

修补工具以及红眼工具。图像修饰工具主要包括模糊工具、锐化工具以及涂抹工具、加深工具和减淡工具。与画笔工具所不同的是这些工具的使用不需要创建新的文件，都是在原有的图像上进行操作，相对简单一些，但对于图像的修饰来说，它们却是不可或缺的。要想得到一幅完美的图像效果要合理地运用多种图像修饰工具，与画笔工具一样，要想熟练掌握其中的一些技巧，需要不断尝试。

3.3 Adobe Photoshop CC 2017的图像调整

3.3.1 实例一 梦幻森林

1. 本实例需掌握的知识点

1）认识直方图。
2）色阶的运用。
3）曲线的运用。
4）色相/饱和度的运用。

实例效果如图3-72所示。

图3-72 "梦幻森林"效果图

2. 操作步骤

1）打开"素材"\"第3章"文件夹中的"森林"图片，并按<Ctrl+J>键复制一层。

2）执行"窗口"→"直方图"命令，弹出如图3-73所示对话框。通过它，可以很直观地看到图片中黑、白、灰以及红、绿、蓝在明暗区域的像素分布情况。从对话框的左侧至右侧，依次为暗部至亮部。可以看出，这张森林照片的像素暗部位置是缺失的，蓝色暗部过多，整体亮度也不够，画面过于暗淡，画质一般，这就造成了画面层次感差、画面又灰又虚的现象。

3）执行"图像"→"调整"→"色阶"命令，会弹出"色阶"的对话框。将输入色阶亮部的值调整为240，将输出色阶暗部的值调整为33，整体提高画面的效果，如图3-74所示，初学者也可使用色阶窗口中的 自动(A) 按钮，进行自动色阶的调整。

第3章　Adobe Photoshop CC 2017绘图修饰及图像编辑

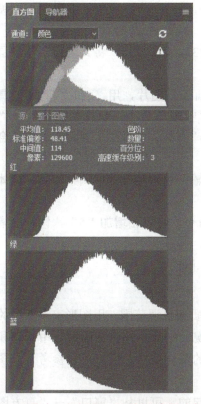

图3-73　通过"直方图"对话框观察图片色阶

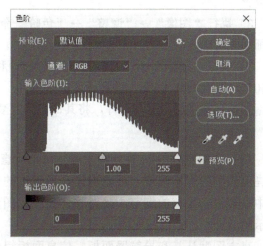

图3-74　通过"色阶"对话框调整图片色阶

4）执行"图像"→"调整"→"曲线"命令，会弹出"曲线"的对话框，在曲线上单击，添加2个控制点，拖动控制点将曲线拖移成S形，增强画面对比度，具体数值可参看图3-75进行设置。

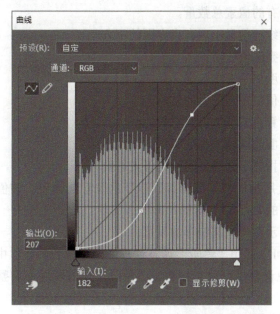

图3-75　通过"曲线"对话框增强画面对比度

5)执行"滤镜"→"模糊"→"高斯模糊"命令,设置半径3像素,并将图混合模式设置为叠加。

6)新建"图层2",设置前景色RGB的颜色值为231,27,238,将其填充至背景层,并将图混合模式设置为柔光,图层不透明度为70%。

7)打开"素材"\"第3章"文件夹中的"精灵仙子"图片,用 和 两种工具配合使用,将仙子选中。执行"选择"→"修改"→"收缩"命令,执行"选择"→"修改"→"羽化"命令,设置半径1像素后,将其复制到"森林"文件中,并将其调整至合适的位置。

8)执行"图像"→"调整"→"色阶"命令。将输入色阶暗部的值调整为35,整体提高画面的对比度。

9)执行"图像"→"调整"→"色相/饱和度"命令。将色相增加"5",饱和度增加"50",明度增加"5",提高画面的效果。

10)合并图层,保存文件,将其命名为"梦幻森林.jpg"。

3. 知识点讲解

(1)认识直方图　直方图主要是用来检查扫描品质和色调范围,用图形表示图像的每个亮度级别的像素数量,展示像素在图像中的分布情况。它显示图像在暗调、中间调和高光中是否包含足够的细节,是对整体亮度和图像情况的整体概括,用户可以参考直方图所显示的信息,进行更好地校正。

直方图默认是和导航器面板、信息面板组合在一起的,可以从"窗口"→"直方图"调出。若要显示图像某一部分的直方图数据,请先选择该部分。默认情况下,直方图显示整个图像的色调范围,如图3-73所示。

在直方图中,X轴的方向是绝对亮度范围,左侧的亮度为0,右侧的亮度为255。Y轴方向是在某一亮度级上所有的像素总数量。

有关像素亮度值的统计信息出现在直方图的下方:

平均值:表示平均亮度值。

标准偏差:表示亮度值的变化范围。

中间值:显示亮度值范围内的中间值。

像素:表示用于计算直方图的像素总数。

色阶:显示指针下面的区域的亮度级别。

数量:表示相当于指针下面亮度级别的像素总数。

百分位:显示指针所指的级别或该级别以下的像素累计数。该值表示为图像中所有像素的百分数,从最左侧的0%到最右侧的100%。

高速缓存级别:显示图像高速缓存的设置。

(2)认识色阶　可以使用"色阶"调整通过调整图像的阴影、中间调和高光的强度级别,从而校正图像的色调范围和色彩平衡。"色阶"直方图用作调整图像基本色调的直观参考,如图3-74所示。

使用色阶调整色调范围。

外面的两个"输入色阶"滑块将黑场和白场映射到"输出"滑块的设置。默认情况下,"输出"滑块位于色阶0(像素为黑色)和色阶255(像素为白色)。"输出"滑块位于默认位置时,如果移动黑场输入滑块,则会将像素值映射为色阶0,而移动白场滑块则会将像素值映射为色阶255。其余的色阶将在色阶0和255之间重新分布。这种重新分布情况将会增大图像的色调范围,实际上增强了图像的整体对比度。

要手动调整阴影和高光,是将黑色和白色"输入色阶"滑块拖移到直方图的任意一端的第一组像素的边缘。

例如,如果将黑场滑块移到右边的色阶5处,则Photoshop会将位于或低于色阶5的所有像素都映射到色阶0。同样,如果将白场滑块移到左边的色阶243处,则Photoshop会将位于或高于色阶243的所有像素都映射到色阶255。这种映射将影响每个通道中最暗和最亮的像素。其他通道中的相应像素按比例调整以避免改变色彩平衡。也可以直接在第一个和第三个"输入色阶"文本框中输入值。

要调整中间调,则使用中间的"输入"滑块来调整灰度系数。

向左移动中间的"输入"滑块可使整个图像变亮。此滑块将较低(较暗)色阶向上映射到"输出"滑块之间的中点色阶。如果"输出"滑块处在它们的默认位置(0和255),则中点色阶为128。在此示例中,阴影将扩大以填充从0~128的色调范围,而高光则会被压缩。将中间的"输入"滑块向右移动会产生相反的效果,使图像变暗。也可以直接在中间的"输入色阶"框中输入灰度系数调整值。可以在"直方图"面板中查看经过调整的直方图。

1)使用色阶调整颜色。

在"属性"面板中,执行下列操作之一以中和色调:

a)单击吸管工具以设置灰场 。然后单击图像中为中性灰色的部分。

b)单击"自动"以应用默认自动色阶调整。要尝试其他自动调整选项,请从"属性"面板菜单中选择"自动选项",然后更改"自动颜色校正选项"对话框的"算法"。

2)使用色阶增加照片的对比度。

如果图像需要整体对比度,因为它不使用全部色调范围,直接将"阴影"和"高光"输入滑块向内拖移,直至达到直方图的末端。

(3)认识曲线　　在曲线调整中,可以调整图像的整个色调范围内的点。最初,图像的色调在图形上表现为一条直的对角线。在调整RGB图像时,图形右上角区域代表高光,左下角区域代表阴影。图形的水平轴表示输入色阶(初始图像值);垂直轴表示输出色阶(调整后的新值)。在向线条添加控制点并移动它们时,曲线的形状会发生更改,反映出图像调整。曲线中较陡的部分表示对比度较高的区域;曲线中较平的部分表示对比度较低的区域。当"曲线"对话框打开时,色调范围将呈现为一条直的对角线。图表的水平轴表示像素("输入"色阶)原来的强度值;垂直轴表示新的颜色值("输出"色阶),如图3-75所示。

默认情况下,"曲线"对于RGB图像显示强度值(0~255,黑色(0)位于左下角)。默认情况下,"曲线"对于CMYK图像显示百分比(0~100,高光(0%)位于左下角)。

要反向显示强度值和百分比，需单击曲线下方的双箭头。反相之后，0将位于右下角（对于RGB图像）；0%将位于右下角（对于CMYK图像）。

调整曲线的具体方法如下：

1）在曲线上单击鼠标左键，会创建一个可调节的点。"输入"代表调节前色阶值，"输出"代表调节后的色阶值。

2）在使用曲线调整时，直方图会同步给出调整前后的对比效果，灰色为调整前的亮度色阶分布，黑色为调整后的亮度色阶分布。

3）当打开曲线对话面板时，如果用鼠标在图像上单击，在曲线上会出现一个空心的小方框，它就是这一点在曲线上的位置，也就是它的亮度。

4）曲线的调整需要经验，上面的例子中，可以看到采用了曲线进行分通道的调整，改变了画面的红、绿、蓝等色彩的像素分布，改变画面整体色调。也可以在RGB通道中调整画面的明暗及对比度，但注意调整的时候不能一味地加深或提亮，那样会造成因大量像素的丢失而导致画面的细节缺损，其结果就是最亮处一片白或最暗处一片黑而没有变化。

5）设置曲线显示选项。

在"曲线显示选项"对话框中，选择下列任一选项：

a）光源（0~255）显示RGB图像的强度值（范围0~255），黑色（0）位于左下角。

b）颜料/油墨量（%）显示CMYK图像的百分比（范围0~100），高光（0%）位于左下角。

c）简单网格以25%的增量显示网格线。

详细网格以10%的增量显示网格线。

d）显示通道叠加可显示叠加在复合曲线上方的颜色通道曲线。

直方图可显示图形后面的原始图像色调值的直方图。

基线以45°角的线条作为参考，可显示原始图像的颜色和色调。

交叉线显示水平线和垂直线，有助于您在相对于直方图或网格进行拖动时对齐控制点。

要更改网格线的增量，要按住<Alt>键（Windows）或<Option>键（Mac OS）并单击网格。

6）使用黑场滑块和白场滑块设置黑场和白场。

在应用"曲线"调整时，请使用黑场滑块和白场滑块在图像中快速设置黑场和白场（纯黑值和纯白值）。

将黑场滑块和白场滑块沿水平轴移动到任一点。请注意，"输入"值会随着拖动而更改。

7）使用曲线增加照片中间调的对比度。

如果图像使用全部色调范围，但是需要中间调对比度，单击"调整"面板中的"曲线"按钮。将曲线拖移成S形。

4. 课后练习

打开"素材"\"第3章"中"椰树"和"情侣2"图片，运用本课所学知识处理成如图3-76所示的效果。

第3章　Adobe Photoshop CC 2017绘图修饰及图像编辑

图3-76　课后练习效果图　　　　　　　　　扫码在线观看操作视频

解题思路

1）执行"图像"→"调整"→"色阶"命令，调整"椰树"图片的色阶，参考参数为输入色阶：暗部50、亮部240，输出色阶：亮部220。

2）执行"图像"→"调整"→"曲线"命令，调整"人物"，分别调整其红、绿、蓝及RGB 3个通道，使其颜色、色调及明暗、对比度现背景和谐。

3.3.2　实例二　鹰

1. 本实例需掌握的知识点

1）色彩平衡的运用。
2）色相/饱和度的进一步运用。
实例效果如图3-77所示。

2. 操作步骤

1）打开"素材"\"第3章"文件夹中的"鹰.jpg"图片。

2）选择工具箱中的工具，在工具选项栏中将画笔大小设置为30像素，勾选"自动增强"；在鹰的嘴和眼睛上拖选建立选区，确立好的选区效果如图3-78所示。

图3-77　实例效果图

3）执行"图层"→"新建"→"通过拷贝的图层"命令。

4）执行"图像"→"调整"→"色彩平衡"命令，打开"色彩平衡"对话框，设定色阶（L）的参考值为"+100，0，-100"。确定后得到如图3-79所示效果。

5）执行"图像"→"调整"→"色相/饱和度"命令，将饱和度增加"30"，效果如图3-80所示。

6）执行"图层"→"调整"→"曲线"→"设置白场"命令，用吸色工具在图3-81a处单击"确定"按钮，效果如图3-81b所示。

图3-78 用"磁性套索工具"进行选择

图3-79 调整"色彩平衡"得到的效果

图3-80 调整"色相/饱和度"

a)

b)

图3-81 设置白场
a) 吸色位置 b) 得到效果

7) 选择工具箱中的 工具，在工具选项栏上勾选消除锯齿在鹰的眼球上点选建立选区。执行"图层"→"调整"→"色彩平衡"命令，设定色阶（L）的数值为"–100，

+5,+100",效果如图3-82所示。

8）选择背景层，用工具箱中的工具，在工具选项栏中勾选"自动增强"，描画鹰的白色羽毛，点选工具选项栏上的 选择并遮住 ，将其属性面板中的透明度设置为83%；边缘检测设置为2像素，勾选智能半径，并将输出设置选择为"输出到新建图层"，如图3-83所示。

图3-82　调整后效果　　　　　　　图3-83　用"磁性套索"选择鹰的羽毛

9）执行"图像"→"调整"→"色彩平衡"命令，设定色阶（L）的参数值为"30，0，-70"；执行"图像"→"调整"→"曲线"→"设置白场"命令，用吸色工具在图3-84a处单击"确定"按钮，得到效果如图3-84b所示。

a)

b)

图3-84　设置白场

a)　吸色位置　b)　得到效果

10）同样方法，将鹰的深色羽毛选择并建新图层，在"图层"→"调整"→"色彩平衡"对话框中，将红色数值增加"40"，如图3-85所示。

11）选定背景层，将青色数值增加"15"、绿色数值增加"40"，完成色彩的改变。最后再将图层边缘用涂抹工具简单修饰一下。

图3-85　调整"色彩平衡"

12）合并图层，存图，命名为"鹰"。

3. 知识点讲解

（1）色彩平衡　　色彩平衡是一个功能较少，但操作直观方便的色彩调整工具。它在色调平衡选项中将图像笼统地分为阴影、中间调和高光3个色调，每个色调可以进行独立的色彩调整。如果要对图像的一部分进行调整，请选择该部分。如果没有选择任何内容，调整将应用于整个图像。

执行"图像"→"调整"→"色彩平衡"命令，打开色彩平衡对话框。从3个色彩平衡滑块中，可以选择：红对青，绿对洋红，蓝对黄这3对颜色进行调整，属于反转色的两种颜色不可能同时增加或减少。

色彩平衡设置框的最下方有一个"保持亮度"的选项，它的作用是在三基色增加时下降亮度，在三基色减少时提高亮度，从而抵消三基色增加或减少时带来的亮度改变。

（2）色相/饱和度　　"图像"→"调整"→"色相/饱和度"命令可以调整整个图像或图像中单个颜色成分的色相、饱和度和明度。

1）色彩的3个基本要素　　色彩的3个基本要素别为色相、饱和度和明度，这也正是在Photoshop在执行"图像"→"调整"→"色相/饱和度"命令时需要调整的内容。

色相是颜色的一种选项，它实质上是色彩的基本颜色，调整色相就是在多种颜色中进行变化，每一种颜色就代表一种色相，色相的调整就是改变它的颜色。

饱和度，是色彩的纯度，是控制图像色彩的浓淡程度，类似电视机中的色彩调节一样。改变的同时下方的色谱也会跟着改变。调至最低的时候图像就变为灰度图像了。对灰度图像改变色相是没有作用的。

明度，就是亮度，类似电视机的亮度调整一样。如果将明度调至最低会得到黑色，调至最高会得到白色。对黑色和白色改变色相或饱和度都没有效果。

2）使用"色相/饱和度"命令　　执行"图像"→"调整"→"色相/饱和度"命令，打开"色相/饱和度"对话框，可以拉动滑块分别调整图像或图像中单个颜色成分的色相、饱和度和明度。勾选对话框中的"着色"选项，可以将画面改为同一种颜色的效果，也就是一种"单色代替彩色"的操作，并保留原先的像素明暗度，使其看起来象双色调图像，在使用时仅仅是点击一下"着色"选项，然后拉动色相改变颜色而已。图3-86是对处理后的鹰的

图3-86　勾选"着色"选项后的效果

图像执行"图像"→"调整"→"色相/饱和度"命令，勾选"着色"选项后的效果。

在对话框中"编辑"选项可以选取要调整的颜色：选取"全图"可以一次调整所有颜色，可以通过拖动滑块和在文本框中输入的方法进行调整。对于"色相"，输入一个值，或拖移滑块，可改变图像的基本颜色。文本框数值的范围为-180～+180；对于"饱和度"，输入一个值，或将滑块向右拖移增加饱和度，向左拖移减少饱和度。文本框中颜色

第3章 Adobe Photoshop CC 2017绘图修饰及图像编辑

值范围为-100～+100；对于"明度"，输入一个值，或将滑块向右拖移增加明度，向左拖移减少明度，文本框中数值范围为-100～+100。

3）对灰度图像着色或创建单色调效果 首先执行"图像"→"模式"→"RGB颜色"命令，将图像转换为RGB，接着执行→"图像"→"调整"→"色相/饱和度"命令，在弹出的对话框中选择"着色"。图像被转换为当前前景色的色相，像素的明度值不改变。还可以继续使用"色相"滑块选择一种新的颜色，使用"饱和度"和"明度"滑块，调整像素的饱和度和明度。

4）使用自然饱和度调整颜色饱和度 "自然饱和度"调整饱和度以便在颜色接近最大饱和度时最大限度地减少修剪。该调整增加与已饱和的颜色相比不饱和的颜色的饱和度。"自然饱和度"还可防止肤色过度饱和。

在"属性"面板中，拖动"自然饱和度"滑块以增加或减少色彩饱和度，不必在颜色过于饱和时进行剪贴。然后，执行以下操作之一：

要将更多调整应用于不饱和的颜色并在颜色接近完全饱和避免颜色修剪，就需要将"自然饱和度"滑块移动到右侧。

要将相同的饱和度调整量用于所有的颜色（不考虑其当前饱和度），可移动"饱和度"滑块。在某些情况下，这可能会比"色相/饱和度调整"面板或"色相/饱和度"对话框中的"饱和度"滑块产生更少的带宽。

同样，左移"自然饱和度"或"饱和度"的滑块即可减少饱和度。

图3-88是将图3-87中原图增加自然饱和度100后的效果。

图3-87 "小猫"原图　　　　　　　图3-88 增加自然饱和度100后的效果

5）使用"可选颜色"命令 "可选颜色"是高端扫描仪和分色程序使用的一种技术，用于在图像中的每个主要原色成分中更改印刷色的数量，是一条关于色彩调整的命令。可选颜色校正是可以有选择地修改任何主要颜色中的印刷色数量，而不会影响其他主要颜色。例如，可以使用可选颜色校正显著减少图像绿色图素中的青色，同时保留蓝色图素中的青色不变。

"可选颜色"即可以校正CMYK颜色的图像，同样也可以在RGB图像中使用它。

"可选颜色"属性面板中有二种选择方法——相对与绝对。

相对是按照总量的百分比更改现有的青色、洋红、黄色或黑色的量。例如，从50%洋红的像素开始添加10%，则5%将添加到洋红。结果为55%的洋红（50%×10%=5%）。

绝对是采用绝对值调整颜色。例如，从50%的洋红的像素开始，然后10%，洋红油墨会设置为总共60%。

如图3-90所示，即是将图3-89使用"可选颜色"命令，是颜色选择为黄色通道的选项下，将"青色"调整为100%；"洋红"调整为100%；"黄色"调整为100%；黑色调整为50%后整体色调改变的效果。

图3-89　原图　　　　　　　　　　　图3-90　使用"可选颜色"命令后的效果

4．课后练习

打开"素材"\"第3章"中"花.jpg"图片，运用本课所学知识处理成如图3-91所示的效果。

图3-91　课后练习效果图　　　　　　　扫码在线观看操作视频

解题思路

1）在选定花瓣、花茎时，设羽化值为"1"。

2）在选定花蕊时，设羽化值为"0"。

3）执行→"图像"→"调整"→"色相/饱和度"命令。

3.3.3　实例三　拼合全景图

1．本实例需掌握的知识点

"图像合并"功能的使用。实例效果如图3-92所示。

第3章　Adobe Photoshop CC 2017绘图修饰及图像编辑

图3-92　实例效果图

2．操作步骤

1）执行"文件"→"自动"→"Photomerge…"命令，打开"Photomerge"对话框，单击   按钮，选中"素材"\"第三章"文件夹中的"照片1.jpg"至"照片9.jpg"图片。左栏"版面"选项默认为"自动"，并确保下方勾选"混合图像"选项，如图3-93所示。

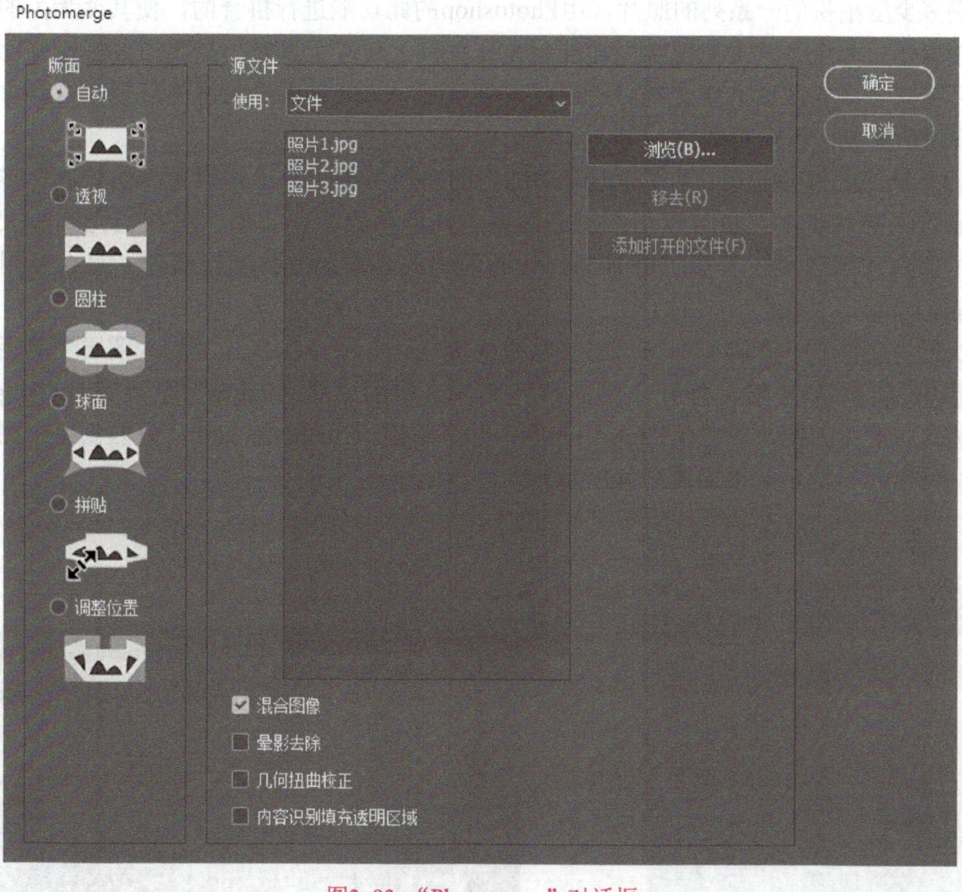

图3-93　"Photomerge"对话框

2）单击"确定"按钮，打开文件，如图3-94所示。

图3-94　混合图像

3）单击工具箱中的 ![] 工具，进行修剪，在裁剪区域的选项栏中，选择"隐藏"，单击 <Enter>键确定。

4）合并图层，存图，命名为"全景图"。

3．知识点讲解

（1）认识全景图　　全景图是通过数张不同角度拍摄的图片（必须有重叠）来经过提取控制点、拼合、优化处理、缝合等复杂的算法，结合用户鼠标、键盘等交互来达到模拟3D场景的效果。对比普通的平面照片，可以达到更好的演示效果。全景图虚拟现实是一门比较新潮的应用。

（2）拼合全景图功能　　"拼合全景图功能"能够实现"全景式虚拟现实"及用于以中心点每隔多少度拍摄的一系列的照片，用Photoshop的此功能进行拼合的，使其变为大的一张全景图操作。"全景式虚拟现实"功能是在计算机上观看全景时，只要用鼠标在画面上推动，环境就会朝相应的方向旋转，用户就可以从另一个方向观看周围的环境，这就象用户站在环境的中央，环视四周。

（3）景深的混合应用　　"景深混合功能"的功能主要是为了实现景深的扩展。多用于获取全景深的片子上，也可以用在对景深要求高的微距上，比如一些相机光圈较大、所拍出的照片景深较短，若想扩展景深，让画面中的多个地方都变得清晰，那么则用到这个功能。

执行"文件"→"脚本"→"将文件载入堆栈…"命令，打开"载入图层"对话框，单击 ![浏览(B)...] 按钮，打开"第三章"文件夹中的"照片1.jpg"至"照片4.jpg"图片，将这些选中的图片放置于Photoshop中，并且新建一个PSD的文件，分散到各个图层，如图3-95所示，混合结果如图3-96所示。

图3-95　载入Photoshop图层　　　　　　　　图3-96　混合图像

4．课后练习

将"素材"\"第三章"中的"照片5.jpg"至"照片7.jpg"图片，运用本课所学知识拼合成全景图，处理效果如图3-97所示。

图3-97 课后练习效果图

解题思路

操作要点与样例相同。

3.3.4 小结

扫码在线观看操作视频

本段课程主要学习了图像调整中"曲线""色彩平衡""色相/饱和度""变化"的应用,在PS的图像调整中,很多工具的应用都需要与色彩知识相配合,才会达到理想的效果。在本段课程中还学习了"图像合成"及"景深混合"功能。"图像合成"功能可以简化烦琐的全景图像制作过程,大家可以尝试用此新功能轻松合并全景图。在PS景深混合功能的应用中,先是对多个图片的构图进行校正,对准其位置,然后再用景深混合,得到扩展后的景深效果。

3.4 路径工具与形状工具

3.4.1 实例一 标志

1. 本实例需掌握的知识点

1)路径的创建。

2)选择工具及转换点工具的运用。

实例效果如图3-98所示。

2. 操作步骤

1)新建文件360×400像素,RGB模式,分辨率72像素,文件命名为"标志",背景选择透明。

2)新建图层1,选择工具箱中的工具,复选工具选项栏上的"路径"选项,用钢笔在文件上进行描点,如图3-99所示。(在进行路径绘制时,可以配合网格和参考线)

3)继续用钢笔工具在文件上描点,最后一笔与第一笔重合,完成一个闭合路径的创建,如图3-100所示。

图3-98 实例效果图

图3-99 用路径绘制

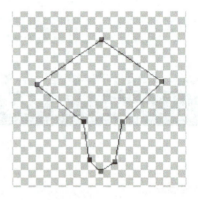
图3-100 闭合路径

4）选择工具箱中的 工具，在路径上选择描点进行形状的调整，如图3-101所示。

5）点开钢笔工具下隐藏的工具条，选择 工具，在最下方的点上单击鼠标左键，将原始创建的角点转换成平滑点，调节出现的调节手柄，如图3-102所示。

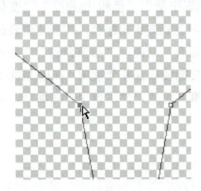

图3-101 使用"直接选择工具"调整形状　　图3-102 使用"转换点工具"将原始点转换为平滑点

6）图形调整好以后，设前景色R：147、G：16、B：43，在路径上单击鼠标右键，在弹出的选项中执行"填充路径"→"前景色"命令，完成标志底部。效果如图3-103所示。

图3-103 填色

7）同样完成标志上部两个字母"E"和"N"的创建。

8)合并图层,保存文件。

3. 知识点讲解

(1)路径工具与矢量图形　钢笔工具画出来的矢量图形称之为路径,矢量图形并不以像素为单位,它的优点是可以勾画平滑的曲线,在缩放或者变形之后仍能保持清晰的边缘和平滑效果。路径是Photoshop中的重要工具,其主要用于进行光滑图像选择区域及辅助抠图,它可以是不封闭的开放形状,也可以是把起点与终点重合的封闭形状。

(2)钢笔工具组　Photoshop提供了一系列用于生成、编辑、设置"路径"的工具,它们位于"钢笔工具组"中,如图3-104所示。

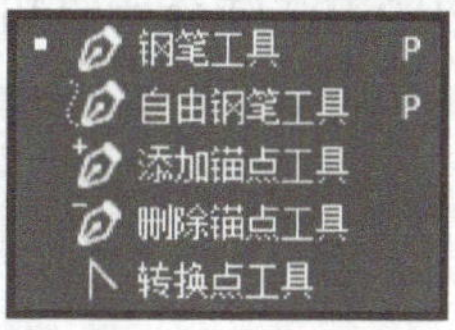

图3-104　钢笔工具组

按照功能可将它们分成3大类:

1)节点定义工具　节点定义工具包括钢笔工具和自由钢笔工具,是用来定义节点和初步画出路径的。

钢笔工具是最常用的路径节点定义工具,一般情况下,手工定义节点均使用此工具,钢笔工具的使用方法也很简单,选择工具后,直接在图像中单击鼠标左键即可进行节点定义,每单击一次即生成一个节点,依据鼠标单击顺序,每个节点自动进行连接。可以定义闭合路径,也可以定义未闭合路径。当鼠标光标位于起始节点时,光标"钢笔"的右下方将显示出一个小"O",表示可进行路径闭合,如果用钢笔工具单击后点拖为则形成曲线。

使用键盘控制键与钢笔工具相配合,可以方便用户的操作,按住<Shift>键,将强制创建出的关键点与原先最后一个节点的连线保持以45°角的整数倍数角;当按住<Ctrl>键时,原先的钢笔工具将暂时变换成直接选择工具,可以进行点的移动,在空白处单击即可放选;当按住<Alt>时,则原先的钢笔工具将暂时变换成转换点工具,可以对选择的点进行弯曲修改,也为对称调整,在按住<Alt>时,也可以用鼠标单独按一侧手柄进行单独控制,进行不对称的调整。在这些组合键的配合下,用户调节曲线将变的非常容易,不必麻烦地进行工具的切换,可以极大地提高工作效率。

自由钢笔工具是用于随意绘制作路径的工具,它的使用与套索工具大体一致,都是先在图像上创建一个初始点后即可随意拖动鼠标进行徒手绘制路径。

2)节点增删工具　用于根据实际需要增删曲线节点,包括添加锚点工具和删除节点工具。

它们的操作方法非常简单,当用户将鼠标移至已经定义过的节点上时,此时的钢笔工具将立刻变换成删除锚点工具,即可删除当前节点。当鼠标移动至连接两节点的线段之中时,"钢笔工具"将变换成"添加节点工具",即可添加节点,不需要通过面板来进行转换。

3)转换点工具　用于调节曲线的控制点位置,即调节曲线的曲率。

选取此工具,在图像路径的某节点处点拖鼠标左键,即可进行节点曲率的调整。

(3)路径选择工具组　配合路径的创建工具,还有一种选择路径的工具组:"路径选

95

择工具"组,它分别由路径选择工具 ▶ 和直接选择工具 ▶ 组成,如图3-105所示。路径选择工具可移动整个路径至合适位置,直接选择工具则针对路径的某个控制点的位置进行调节。

图3-105 路径选择工具组

4. 课后练习

打开"素材"\"第3章"文件夹中的"猫2.jpg"图片,用创建路径、复制路径及路径描边的方法结合所学知识完成如图3-106所示效果。

图3-106 课后练习效果图

扫码在线观看操作视频

解题思路

1) 用 ⌀ 工具,以镜子中轴线为基准在文件上进行路径的绘制,因镜子是对称的,只绘制一半即可。

2) 用 ▶ 工具,选取绘制好的这一半路径,复制并粘贴。将粘贴好的另一半路径执行"编辑"→"变换路径"→"水平翻转"命令,用 ▶ 工具将其放至右侧对应位置,使镜子外轮廓相对完整。

3) 选择 ⌀ 工具,将这两条路径连接起来成为一条闭合的路径。

4) 选择 ✎ 工具,设定喜欢的画笔样式。

5) 新建图层,用 ▶ 工具,在闭合路径上单击鼠标右键,在弹出的对话框上选择"描边子路径",完成装饰花边的创建。

3.4.2 实例二 自由曲线

1. 本实例需掌握的知识点

1) 路径的复制、剪切及粘贴命令的使用。
2) 选择工具及转换点工具的进一步运用。
3) 路径描边的运用及描边工具的属性设置。

实例效果如图3-107所示。

第3章 Adobe Photoshop CC 2017绘图修饰及图像编辑

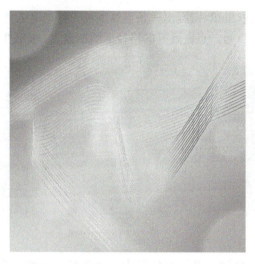

图3-107 实例效果图

2．操作步骤

1）新建文件600×600像素，RGB模式，分辨率72像素，文件名称命名为"自由曲线"，背景选择白色。

2）选择■工具，设置前景色RGB的颜色值为6，118，163、设置背景色RGB的颜色值为61，196，227，单击工具选项栏上的■，在文档中由左上至右下拖拽，进行渐变填充。

3）新建"图层1"，选择■工具，设置前景色RGB的颜色值为80，186，210，在工具选项栏上第一个复选框中选择"像素"选项，在图中所示位置绘制出一个个分散且大小不同的圆。单击图层面板上的■，为图层添加样式，参数设置如图3-108所示，设置完成后效果如图3-109所示。

图3-108 "外发光"参数设置

图3-109 设置完成后效果

97

4）选择 工具，按住<Shift>键画出一条直线路径。将钢笔工具贴近所绘路径时，在钢笔工具右侧自动出现一个"+"号，点在画好的路径上添加锚点，如图3-110所示添加二个锚点。

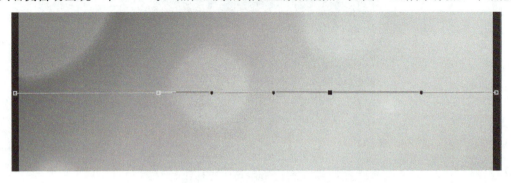

图3-110　在路径上添加"锚点"

5）按住<Ctrl+Alt>组合键，鼠标点住其中一个添加上的锚点向下拖拽复制路径，重复此操作，复制出9条间距大致相等的路径，如图3-111所示。

图3-111　复制路径

6）按住<Ctrl>键，这时 工具切换成 工具，在路径外框选，拉出虚线框选取要进行变换的锚点，如图3-112所示，这时被选中的锚点变成实心点。

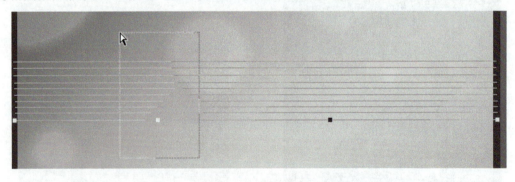

图3-112　选择"锚点"

7）按住<Ctrl>键不放，用工具点住任意一个实心点进行移动，如图3-113所示。用此方法调整其余点的位置，得到如图3-114所示效果。

8）选择 工具，框选全部路径，单击工具选项栏上的 按钮，打开下拉菜单，选择按高度均匀分布，如图3-115所示，将这九条曲线均分。

第3章　Adobe Photoshop CC 2017绘图修饰及图像编辑

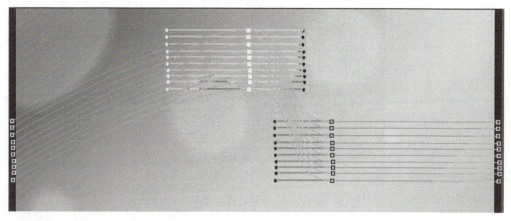
图3-113　拖移"锚点"，调整位置

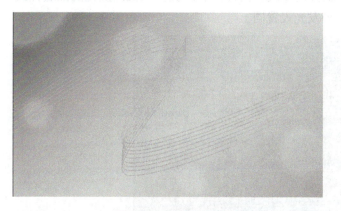
图3-114　调整后的效果

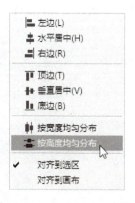
图3-115　按高度平均分布

9）新建"图层2"，设定当前为 ⌀ 工具，定义大小为1像素、前景色白色。选择 ⌀ 工具，按住<Ctrl>键，这时 ⌀ 工具切换成 ▶ 工具，路径面板下方的 ○，对这组路径进行描边。

10）单击图层面板上的 ƒx，为"图层2"添加渐变叠加及外发光的图层样式，参数设置如图3-116所示。设置完成后效果如图3-117所示。

a)

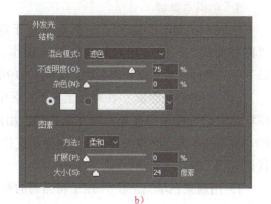
b)

图3-116　参数设置
a）渐变叠加设置　b）外发光设置

99

图3-117　设置完成后效果

11）用同样的方法绘制另一组自由曲线，同样添加渐变叠加及外发光的图层样式，渐变叠加参数设置如图3-118所示，外发光设置同上。

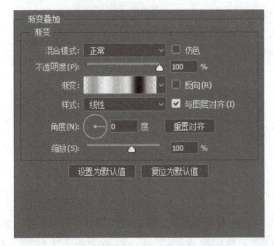

图3-118　设置渐变叠加

12）合并图层，保存文件。

3. 知识点讲解

在Photoshop中提供了一个专门用于路径的面板："路径面板"，来方便对路径的编辑操作。可执行"窗口"→"路径"命令来调出面板，如图3-119所示。

（1）了解路径面板　在路径工具图标区中共有6个工具图标，它们分别是用前景色填充路径 ◉，用画笔描边路径 ◯，将路径作为选区载入 ▦，从选区生成工作路径 ◇，创建新建路 ▭，删除当前路径 🗑。

图3-119　路径面板

1）用前景色填充路径　用于将当前的路径内部完全填充为前景色。如果只选中了一条路径的局部或者选中了一条未闭合的路径，则Photoshop自动将填充将路径的首尾以直线段连接后成闭合区域后填充。

2）用画笔描边路径 使用前景色沿路径的外轮廓进行边界勾勒，主要作用是为了在图像中留下路径的外观。

按住<Alt>键单击路径面板上"用画笔描边路径"按钮 ，可弹出"描边路径"对话窗口，如图3-120所示。在此对话窗口中，可以选择描边时所使用的工具。选用的绘图工具不同，描边的效果也就不同。同时描边效果也受所选工具原始的笔刷类型的影响。选择的工具不同描边描出的轮廓则不同，即使是使用同一个工具，如果笔刷设置不同，效果也将不同。除了用画笔进行描边以外，还可以选择涂抹、模糊、颜色替换等工具对路径进行描边操作。

图3-120 描边路径

图3-121就是在描边路径时选择涂抹工具绘制的牙膏字效果。制作方法是在新建图层上绘制出圆形的选区，大小为牙膏字的粗细，并将此选区进行渐变填充，如图3-122所示。接着以此渐变的圆形为起点，用路径绘制出字形，并进行调整，得到如图3-123所示效果。然后设置涂抹工具的属性：笔刷大小根据字体的粗细设定；硬度：100%；间距：1%，再按住<Alt>键单击用画笔描边路径按钮 ，在弹出"描边路径"的对话窗口中的工具选项中选择"涂抹"，得到最终效果。

 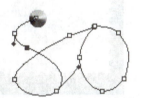

图3-121 牙膏字效果   图3-122 定义起点   图3-123 选择"涂抹工具"进行路径描边

不同的绘图工具，不同的笔头类型设置的描边效果均不相同，可以根据自己的要求来进行选择。

3）将路径作为选区载入 将当前被选中的路径转换成选区。同样，如果按住<Alt>键的同时单击路径面板上"将路径作为选区载入" 按钮，可弹出"建立选区"对话窗口。在此对话窗口的选项设置中可以设置羽化的范围，还可以消除选区的锯齿。

对于开放型路径，系统将自动以直线段连接起点与终点。

4）从选区生成工作路径 将选择区域转换为路径。同样，如果按住<Alt>键的同时单击路径面板上的"从选区生成工作路径"按钮 ，可弹出"建立工作路径"对话窗口，在此对话窗口的选项设置中可以设置路径的容差范围。

5）创建新建路径 创建新路径用于创建一个新的路径层。直接用钢笔工具绘制的路径是一个临时的工作路径，除非将工作路径存储为路径。通过"创建新建路径"的方法不仅可以新建路径还可以快速完成工作路径的存储工作，可以在路径层列表条上按住鼠标左键将其拖动至"创建新建路径" 处，释放鼠标左键后即可。

6）删除当前路径 用于删除一个路径层。

7）Photoshop CC 2017 在"路径"面板中，可以同时选取多个路径，形状和矢量蒙版。此外，可以通过使用适当的命令，从弹出菜单中的面板，复制和删除它们。

（2）路径控制菜单的功能 单击路径控制面板上方右侧的 小三角按钮处，即可弹出暗藏的路径控制菜单，其中的菜单项可以完成路径控制面板中的所有图标功能。

其中包含有：新建路径，复制路径，删除路径，建立工作路径，建立选区，填充路径，描边路径，剪贴路径和面板选项，路径控制菜单中的大部分功能与前面讲过的路径控制面板下方的工具功能基本类似，详细使用可参考前面的介绍。

4. 课后练习

打开"素材"\"第3章"文件夹中的"荷花"图片，用路径描边的方法结合所学知识完成如图3-124所示邮票效果。

图3-124　课后练习效果图　　　　　　　　扫码在线观看操作视频

解题思路

1）新建文件，大小为400×300像素，黑色填充。

2）调入荷花图片，调整其大小。

3）绘制水平路径，设置铅笔大小12像素，设置其间距为121%。

4）新建图层，前景设置黑色用路径进行描边。

5）复制描边的图层，并将其移动到下方合适位置。

6）再复制2层描边的图层，用自由变换命令，将其旋转90°，分别放置于左右两侧打孔的位置。

3.4.3　实例三　卡通玩偶

1. 本实例需掌握的知识点

1）形状工具的使用。

第3章　Adobe Photoshop CC 2017绘图修饰及图像编辑

2）形状的加、减、交、差等属性的运用。

实例效果如图3-125所示。

图3-125　实例效果图

2. 操作步骤

1）新建文件400×400像素，RGB模式，分辨率72像素，文件名称命名为"卡通玩偶"，白色背景。

2）设前景色R：183、G：65、B：125，填充背景层。

3）新建图层1，选择工具箱中的 ◯ 工具，选择工具选项栏中的 路径 复选框，配合 <Shift>及<Alt>键，在文件中创建一个正圆形。

4）选择工具选项栏上的"减去顶层形状"按钮 ◘ ，用 ◯ 工具在刚才创建的圆形中拖出一个小的椭圆形，再选择工具选项栏上的"合并形状组件"按钮 ◘ ，完成两个区域的相减。用 ▶ 工具单击路径，可以看到新的形状，如图3-126所示。

5）用同样方法分别用 ◯ 、 ▭ 、 ◯ 拖画出另一只眼睛以及鼻子、嘴、五角形。可以用 ▶ 工具，对形状进行单击，进行大小、方向等的调整，这个步骤一定在按下确认"合并形状组件"按钮 ◘ 之前，否则将无法再调整局部，如图3-127所示。

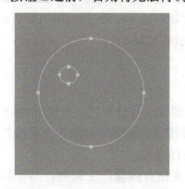

图3-126　使用"路径工具"绘制

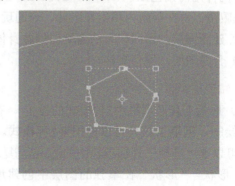

图3-127　绘制五官并组合

6）选择 ◯ 工具，选择工具选项栏上的"合并形状"按钮 ◘ ，在文件中拖画、旋转至适当位置，如图3-128所示。

103

7）设前景色R：243、G：237、B：0；选择工具箱中的 工具，右键点击路径，执行"填充路径"→"前景色"命令，完成色彩的填充；设前景色R：0、G：0、B：0；设定画笔的主直径为3，硬度100%，再次右键单击"描边路径"→"前景色"，完成轮廓的描绘，效果如图3-129所示。

图3-128　添加到路径区域

图3-129　填充路径 描边路径

8）选定背景层，设前景色R：234、G：78、B：63；选择 工具，在嘴部进行选择并填充前景色如图3-130所示。

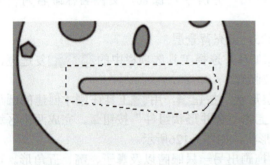

图3-130　填充嘴部

图3-131　填充其余部分 绘制黑眼珠

9）同样用前景色R：184、G：217、B：24填充五角形和前景色R：255、G：255、B：255填充眼睛。再在眼睛内填上黑眼珠，卡通玩偶就大功告成了，效果如图3-131所示。

10）建新图层，用同样方法为玩偶创建身体完成最终效果。

11）合并图层，保存文件。

3．知识点讲解

（1）形状工具选项栏中3种模式的设置　　在使用形状进行绘制时，可使用3种不同的模式进行绘制，钢笔工具只可以使用前2种模式。这3种模式分别是"形状""路径"和"像素"，可以通过选择工具选项栏中的 复选框进行选取。

1）形状　"形状"在单独的图层中创建形状，直接对图像产生影响，与图层选择无关，所绘制的路径将自动被应用，成为新建纯色填充层的蒙版。形状图层包含定义形状颜色的填充图层以及定义形状轮廓的链接矢量蒙版。形状轮廓是路径，它出现在"路径"面板中。

第3章　Adobe Photoshop CC 2017绘图修饰及图像编辑

形状是链接到矢量蒙版的填充图层。通过编辑形状的填充图层，可以很容易地将填充更改为其他颜色、渐变或图案。也可以编辑形状的矢量蒙版以修改形状轮廓，并对图层应用样式。

如果要修改形状轮廓，可以在"路径"面板中单击形状图层的矢量蒙版缩览图，然后使用形状和钢笔工具更改形状。

2）路径　对图像不产生影响，携带矢量信息，与图层选择无关，主要用在除了蒙版以外的矢量用途，如创建选区和描边等，与使用绘画工具非常类似，路径出现在"路径"面板中，详见3.4.1及3.4.2部分内容。

3）像素　直接对图像产生影响，不携带矢量信息，与图层选择有关。直接在图层中绘制，所绘制的路径将自动转为图层中的点阵色块，就像处理任何栅格图像一样来处理绘制的形状，在此模式下不能使用钢笔工具。

（2）形状工具选项栏中"建立"后面的3个选项

1）选区　在路径模式下，用 工具或 工具组里的工具进行绘制后，单击 选区... 选项，弹出如图3-132所示对话框，设置渲染值及操作选项，可直接将此路径转换成选区。

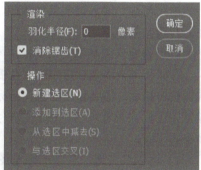

图3-132　路径转化为选区

2）蒙版　在路径模式下，用 工具或 工具组里的工具进行绘制后，单击 蒙版 选项，可以直接创建矢量蒙版。矢量蒙版是与分辨率无关的、从图层内容中剪下来的路径。矢量蒙版通常比那些使用基于像素的工具创建的蒙版更加精确。

3）形状　在路径模式下，用 工具或 工具组里的工具进行绘制后，单击 形状 选项，可以直接创建形状图层。

（3）形状工具选项栏中的绘图选项　使用形状工具可以在图像中绘制直线、矩形、圆角矩形、椭圆、多边形和创建自定义形状库。每个形状工具都提供了特定的几何选项，几何选项工具各异，如图3-133所示，可以通过设置选项来确定所绘制图形的选项尺寸。

图3-133　形状工具的几何选项

各形状工具中几何选项的属性：
不受约束：通过拖移设置矩形、圆角矩形、椭圆或自定形状来设置形状的宽度和高度。
方形：用矩形或圆角矩形约束为方形。
固定大小：通过在"宽度""高度"文本框中输入的值，将矩形、圆角矩形、椭圆或自定形状渲染为固定形状。

定义的比例：基于创建自定形状时所使用的比例对自定形状进行渲染。

从中心：从中心开始渲染矩形、圆角矩形、椭圆或自定形状。

对齐像素：将矩形或圆角矩形的边缘对齐像素边界。

圆（绘制直径或半径）：将椭圆约束为圆。

半径：对于圆角矩形，指定圆角半径。对于多边形，指定多边形中心与外部点之间的距离。

平滑拐角或平滑缩进：用平滑拐角或缩进渲染多边形。

星形：在文本框中输入百分比，指定星形半径中被点占据的部分。如果设置为50%，则所创建的点占据星形半径总长度的一半；如果设置大于50%，则创建的点更尖、更稀疏；如果小于50%，则创建更圆的点。

箭头起点和终点：用箭头渲染直线。选择"起点""终点"或两者，指定在直线的哪一端渲染箭头。输入箭头的凹度值（-50%～+50%）。凹度值定义箭头最宽处（箭头和直线在此相接）的曲率。

（4）自定义工具弹出式调板　使用弹出式调板，可以通过重命名和删除项目以及通过载入、存储和替换库来自定弹出式调板。还可以更改弹出式调板的显示，按名称、缩览图图标或者同时按名称和缩览图图标来查看项目。图3-134为自定义形状工具的弹出式调板。

图3-134　弹出式调板

1）可以单击选项栏中的缩览图图像来选择弹出式调板中的项目。

2）选择一个项目后，单击弹出式调板右上角的 按钮，然后从调板菜单中选取"重命名形状"命令来更改项目的名称；选取"删除形状"命令可删除当前项目。

3）自定弹出式调板中的项目列表：

在自定义形状 工具属性栏中打开"自定义形状拾色器"选取器，单击弹出式调板右上角的 按钮，弹出分级子菜单。可通过"复位形状""载入形状""存储形状"和"替换形状"几个选项来载入、存储、复位、替换项目。

"替换形状"命令用一个不同的库替换当前列表。然后选择想使用的库文件，并单击"载入"按钮。"替换形状"也可以在"自定义形状拾色器"的分级子菜单中直接进行载入，在弹出的调板项目列表中有"动物""自然""形状""箭头"等快捷选项，直接单击即可进行载入，当选择不同于当前的形状系列时，会出现一个是否替换当前形状系列的对话框，选确定则当前的形状系列被替换掉，选追加则选择形状系列与原有形状系列共同显示在显示框内。

要返回到默认库，选取"复位形状"命令。可以替换当前列表，或者将默认库追加到当前列表。

如果想将当前列表存储为库供以后使用，则选取"存储形状"命令。然后输入库文件的名称，并单击"保存"按钮。

4）将形状或路径存储为自定形状　在路径调板中选择路径，可以是形状图层的矢量蒙版，也可以是工作路径或存储的路径。执行"编辑"→"定义自定形状"，然后在"形状名称"对话框中输入新自定形状的名称。如打开"素材"\"第3章"\"路径.psd"，将预先画好的花型路径定义为自定义形状。执行"编辑"→"定义自定形状"命令，在弹出的名称栏中输入"花"，单击"确定"按钮，这样就完成了一个新路径的储存，如图3-135所示。图片新形状出现在弹出式调板中，如图3-136所示。要将自定形状存储为新库的一部分，那么要从弹出式调板菜单中选择"存储形状"。

（5）在图层中绘制多个形状　使用形状工具或钢笔工具的"形状图层"模式和"路径"模式，都可以在图层中绘制多个形状，并指定重叠的形状如何相互作用，具体可以通过工具选项栏上 下面的下拉菜单来完成，如图3-137所示依次为：

图3-135　定义自定形状

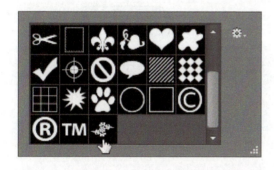

图3-136　存储后的自定形状出现在弹出式调板中　　图3-137　多个形状绘制"布尔运算"选项

合并形状：将新的区域添加到现有形状或路径中。

减去顶层形状：将重叠区域从现有形状或路径中移除。

与形状区域相交：将区域限制为新区域与现有形状或路径的交叉区域。

排除重叠形状：从新区域和现有区域的合并区域中排除重叠区域。

在图像中绘画。通过点按选项栏中的工具按钮，可以很容易地在绘图工具之间切换。在利用形状工具绘画时，可使用键盘上的快捷键进行：按住<Shift>键可临时选择"添加到形状区域"选项；按住<Alt>键可临时选择"从形状区域减去"选项；按住<Alt+Shift>键可临时选择"交叉形状区域"。

（6）Photoshop CC 2017增加了多重形状和路径选择　可以同时选取多个路径、形状和矢量蒙版，不需按多次鼠标即可完成更多任务。即使在拥有许多路径的多图层复杂图像文件中，也可以使用新的滤镜模式，直接在画布上锁定路径（及任何图层）。

（7）自定义图形的神器——可编辑的圆角矩形　Photoshop CC 2017增加了为形状图层改进的属性面板，尤其是形状的圆角编辑与控制，可以重新改变形状的尺寸，并且可重复编辑，无论是在创建前还是创建后，都可以随时改变圆角矩形的圆角半径。以往只能通过插件的方式对圆角进行控制,现在只要新建图形,就会出现这个圆角调节的功能。

以形状工具制作按钮为例,来看一下Photoshop CC 2017新增功能中圆角矩形功能的使用,用▭工具选项栏选择绘制形状,选择填充像素(如果想做选区或者路径的话可以选择路径),绘制矩形时弹出属性面板,如图3-138所示,在属性面板上设置填充颜色及描边的宽度及颜色,通过调整属性面板里的圆角数值,选择不同的圆角大小,图3-139是设置圆角半径分别为对称的0像素、10像素、24像素及不对称的左上、右下角参数为20像素的效果。如果绘制的是正方形,直接就能调整为圆形。

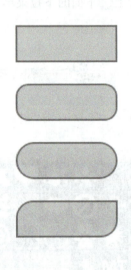

图3-138 属性面板　　　　　　　　　　图3-139 不同参数的圆角形状

4. 课后练习

运用钢笔工具和形状工具结合所学知识完成如图3-140所示效果。

图3-140 课后练习效果图　　　　　　　　扫码在线观看操作视频

第3章 Adobe Photoshop CC 2017绘图修饰及图像编辑

解题思路

1）新建文件380×460像素，白色填充。

2）设置前景色为R：33、G：45、B：98，用工具，复选"路径"选项，在文件上进行路径绘制。适当配合键<Ctrl>和<Alt>键调整该路径转换点的位置及线条的曲度。

3）用 工具，选择形状复选框中的装饰符号，复选"像素"，分别用刚刚设置的前景色和白色，在新的图层上绘制花纹。

4）打开素材文件中的"路径.psd"文件，执行"定义自定义形状"命令后选择该形状在文件适当位置拖画。

3.4.4 小结

本段课程主要学习"路径工具"的相关知识，并与"形状工具"相配合来学习各种使用方法。其中用"路径工具"来创建图形有一定难度，需要多加练习，才会达到熟练的程度。

3.5 Adobe Photoshop CC 2017的文字工具

3.5.1 实例一 淘宝网店广告

1．本实例需掌握的知识点

1）文字工具的使用及其属性的设置。

2）创建变形文字。

3）图层样式的运用。

制作文字变形的效果如图3-141所示。

扫码在线观看操作视频

图3-141 实例效果图

2. 操作步骤

1）安装字体"迷你简菱心""Face Your Fears""LeviBrush""Edo"。

2）打开"素材"\"第3章"文件夹中的图片"淘宝网店广告1.jpg"图片。

3）选择工具箱中的 T 文字输入工具，在工具选项栏中设置字体为"迷你简菱心"，字号为43，前景色为纯黑色，消除锯齿方法 aa 设置为"锐利"，在画面中单击鼠标左键，输入文字"五动心情清爽一夏"单击选项栏的 ✓ 按钮提交文字。

单击选项栏中的 按钮，打开切换字符和段落面板，为字体设置仿斜体。

单击图层面板下方的 fx 添加图层样式按钮，为文字添加"描边"样式。描边颜色为白色，大小为3像素。文字效果如图3-142所示。

图3-142　图层样式效果图

4）选择横排文字工具，在工具选项栏中设置字体为"迷你简菱心"，字号为18，前景色为白色，aa 设置为锐利，输入文字"五月新品　单笔交易　2件享9折，满3件享8折"。在切换字符和段落面板中，设置字体为仿斜体，并调整字距 VA 为140。

5）选择横排文字工具，在工具选项栏中设置，字体为"迷你简菱心"，字号为18，前景色为白色，aa 设置为浑厚，输入文字"全场满就送"。单击选项栏 创建文字变形按钮。打开"变形文字"对话框，设置文字变形。文字变形参数如图3-143所示。

为该文字图层添加描边图层样式，描边颜色RGB为：164，164，164，大小2像素。效果如图3-144所示。

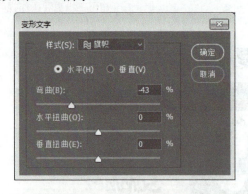

图3-143　文字变形设置　　　　　　　　　图3-144　实例效果图

6）选择横排文字工具，在工具选项栏中设置字体为"Edo"，字号为144，文本颜色RGB为：16，48，36。在画面中单击，输入文字"5"。

7）选择横排文字工具，在工具选项栏中设置字体为"Face Your Fears"，字号为102，文本颜色RGB为：16，48，36。aa 设置为浑厚，在画面中单击，输入文字"MAY"。

8）选择横排文字工具，在工具选项栏中设置字体为"LeviBrush"，字号为51，文本颜色RGB为：16，48，36。aa 设置为锐利，在画面中单击，输入文字"summer"。

9）选择横排文字工具，在工具选项栏中设置字体为"Adobe黑体Std"，字号为15，文本颜色RGB为：16，48，36。设置为锐利，在画面中单击，输入文字"初夏约惠"。选择工具栏中的形状工具→直线工具按住<Shift>键绘制一条直线。排版效果如图3-145所示。

10）选择横排文字工具，在工具选项栏中设置字体为"迷你简菱心"，字号为15，设置文本颜色为白色，设置为浑厚，在画面中单击鼠标左键，输入文字"new arrival"。设置字体为仿斜体，效果如图3-146所示。

图3-145 排版效果图

图3-146 实例效果图

3．知识点讲解

（1）设置文字工具选项　在Adobe Photoshop CC 2017中，文字工具提供了许多有关输入文字和文字变形的选项，在添加文本时应当先熟悉它们的作用。文字工具选项栏的各个选项如图3-147所示。

图3-147　文字工具选项栏

A—改变文本方向　B—选择字体　C—设置字体类型　D—设置字体大小　E—字体平滑程度　F—左对齐　G—居中对齐　H—右对齐　I—设置文本颜色　J—建立变形文字　K—字符和段落面板　L—取消　M—提交

另外，在工具箱上面，文字工具组有4种形式，即横排、直排、横排文字蒙版和直排文字蒙版。如图3-148所示。

（2）输入文字　选择"文字工具"在画面上单击，Adobe Photoshop CC 2017自动生成一个新层，并且把文字光标定位在这一层中。输入文字时，可以按住<Ctrl>键，在输入过程中对文字进行放大与缩小。

图3-148　文字工具组

在文字层中还有很多其他生成文字的方式：

在文字图层右击→"转换为形状"，可以使文字从背景层分离出来。转换之后，使用形状工具的各选项可以与其建立重叠或交叉的形状。

在文字图层单击鼠标右键选择"建立工作路径"选项，使文字转换为能被路径编辑工具编辑的路径。

在文字图层单击鼠标右键选择"栅格化文字"选项，要对文字进行填充或使用滤镜，必须首先对文字进行栅格化。

（3）编辑文字　如果希望输入大段的文字并且使用Adobe Photoshop CC 2017的段落格式选项，必须以段落模式输入文本。通过在画面上点击和拖拉鼠标可以形成一个文本区域用来进行段落模式的输入。

（4）使用字符面板　可以使用切换字符和段落面板对文本格式进行控制。字符面板及其弹出式菜单提供的选项都与单个字符的格式相关。单击文字工具属性栏中的切换字符和段落面板按钮，打开如图3-149所示"字符段落"对话框。

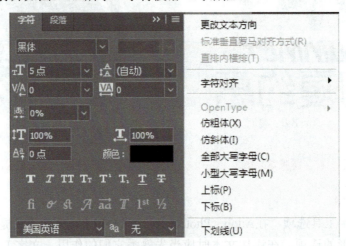

图3-149　字符段落对话框

字符面板里，行距调整工具使用的时候需要把要调整的行都选中。相邻字符间字距调整工具使用的时候，把光标插入要调节的两个字符之间。所选字符字距调整工具，使用时选中需要调整字距的字符进行调整。设置所选字符比例间距对所选字符的间距进行按间距比例微调，适用于非常细微的字距调整。设置基线偏移，选中需要调整的字符，进行上下位置的调整。

1）"仿粗体"和"仿斜体"能够使不具有这种风格的文本加粗或变成斜体。

2）"分数宽度"可以对字符间的距离进行调整以产生最好的印刷排版效果。如果用于Web或多媒体，文字尺寸大小就要取消此选项，因为小文字之间的距离会更小，不易于阅读。

3）"无间断"可以使一行最后的单词不断开。例如，希望New York不被断成两行。为了避免一个单词或一组单词断行，可以选定文字然后选择"不断行"。

4）"复位字符"把字符面板的所有选项重新设为缺省值。

5）使用段落面板Adobe Photoshop CC 2017的段落面板可以对整段文字进行操作，可以通过单击文字工具属性栏上的面板按钮或执行"窗口"→"段落"命令来打开段落面板。

6）段落面板的大多数选项只适用于在段落模式下输入的文字。命令与Adobe专业排版软件InDesign中的命令类似。段落面板如图3-150所示。

第3章　Adobe Photoshop CC 2017绘图修饰及图像编辑

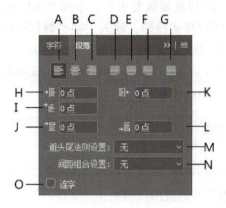

图3-150　段落面板

A—左对齐　B—居中对齐　C—右对齐　D—最后一行左对齐　E—最后一行中对齐　F—最后一行右对齐　G—整体对齐　H—左缩进　I—首行缩进　J—段前添加空格　K—右缩进　L—段后添加空格　M—中文输入避免标点符号在句首等不符合行文规范的现象，选"严格"选项避免此类问题　N—设定好的字距组合，间距组合1是中文里的数字和符号间距加大占2个字符，间距组合2是在间距组合1的基础上，标点符号的占位加大　O—英文输入行尾是否使用连字符

4．课后练习

打开"素材"\"第3章"文件夹中的图片"淘宝网店广告2"图片，完成如图3-151所示效果。

图3-151　课后练习　　　　　　　　　　　　扫码在线观看操作视频

解题思路

1）使用文字输入工具，在工具选项栏中设置字体为"Myriad Pro"，文本颜色RGB为：222，198，192。输入文字"Lovely Style With Babi"，可以按住<Ctrl>键，配合鼠标左键拖动调整字体的大小。调整好后，单击选项栏✓提交文字。添加图层样式描边和投影，描边颜色RGB为：254，204，165。大小1像素。

2）输入文字"限时折扣"，字体"Adobe 黑体 Std"，文本颜色RGB为：222，198，192。为图层添加描边样式，描边颜色RGB为：129，120，113。创建文字变形效果。

3）输入文字"Spiring 2017最新款发布"，字体"Adobe黑体Std"，文本颜色RGB为：222，198，192。添加图层样式投影。输入文字"韩国最IN时尚品牌"，字体颜色同上，为图层添加描边样式，描边颜色RGB为：119，105，105。

4）输入文字"ing……"，字体"Adobe黑体Std"，文本颜色RGB为：233，：137，90。描边颜色RGB为：119，105，105。

3.5.2 实例二 宣传册封面

1．本实例需掌握的知识点

1）横排与直排文字蒙版工具的使用技巧。

2）文字蒙版的使用技巧。

实例效果如图3-152所示。

扫码在线观看操作视频

图3-152 实例效果图

2．操作步骤

1）打开"素材"\"第3章"文件夹中的"封面背景图片"图片。置入"3-宣传册封面"图片。

2）用横排文字蒙版工具，单击画面，设置字体为"Adobe黑体Std"，文字大小为300点，输入文字"@"，然后点击提交按钮。选择矩形选框工具，移动选区到如图3-153所示的位置。

3）在图层面板底部单击添加图层蒙版按钮，效果如图3-154所示。

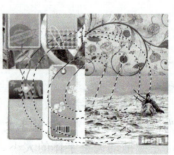

图3-153 制作文字选区

4）为"图层1"添加图层样式中的内阴影。

5）用文本工具输入公司名称、公司网址等文字。最后完成效果如图3-152所示。

第3章 Adobe Photoshop CC 2017绘图修饰及图像编辑

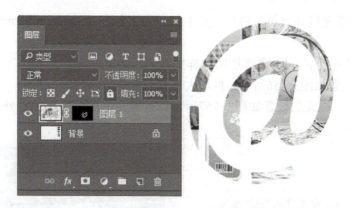

图3-154 为图层添加蒙版

3．知识点讲解

1）使用文字蒙版工具输入文字，未提交之前，也可以按住<Ctrl>键，配合鼠标左键自由改变文字的位置和大小。

2）文字蒙版描边。建立好的文字蒙版除了可以填充颜色或图案外，也可以对其进行描边的修饰。执行"编辑"→"描边"命令可以对文字蒙版描边，这时我们会得到一个空心的文字效果。也可以将填充与描边同时应用，从而得到更加丰富的文字效果。

3）将文字蒙版转换为Alpha通道。建立文字蒙版后，如果在文字选区以外的地方单击，选区就会消失。此时可以使用Alpha通道来保存选区。单击通道面板下面的"将选区转化为通道"按钮，将产生一个储存文字外形的Alpha通道。

4．课后练习

打开"素材"\"第3章"文件夹中的"沙漠.jpg"图片，运用本课所学知识制作如图3-155所示效果。

图3-155 课后练习效果图

扫码在线观看操作视频

解题思路

1）用仿制图章工具将图片正文的文字处理掉。

2）建立好文字蒙版并且填充白色。其中英文字体为"CommercialScript BT"中文字体为"长城行楷体"。

3）单击图层面板下方的 fx 添加图层样式按钮，为文字添加"描边"和"外发光"样式。"描边"的设置如图3-156所示。描边大小参数为"1"像素。

4）"外发光"样式的设置如图3-157所示。外发光的颜色为黄色，外发光的不透明度参数为75%。

图3-156　描边参数设置

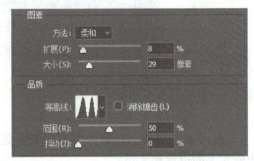

图3-157　外发光样式设置

3.5.3　实例三　路径文字

1．本实例需掌握的知识点

1）文字与路径结合使用技巧创建变形文字。

2）调整文字与路径的位置关系。

实例效果如图3-158所示。

扫码在线观看操作视频

图3-158　实例效果图

2．操作步骤

1）打开"素材"\"第3章"文件夹中的图片"路径文字光盘背景.jpg"图片。按

<Ctrl+；>快捷键，显示参考线。

2）选用椭圆工具，在选项栏选择工具模式为路径，按<Alt+Shift>组合键，以参考线交叉点为圆心绘制正圆，选择横排文字工具，文字大小为47点，在路径上单击输入文字"Dalian Development Zone Secondary Vocational School"。

3）选择路径选择工具调整文字的位置。注意起始点和结束点的位置。调整好后，为图层添加投影样式。效果如图3-159所示。

4）选用椭圆工具，选项栏"工具模式"切换为"路径"，按<Alt+Shift>组合键再绘制较小的正圆，输入"人正 志远 学勤 业精"，用路径选择工具调整文字的位置，并修改文字的字体，大小80点。为图层添加描边效果，描边大小为3像素，描边颜色RGB为：23，71，64。效果如图3-160所示。

图3-159 沿路径输入文字

图3-160 调整文字位置

5）再用同样的方法，创建如图3-161所示的路径文字，设置文本颜色RGB为：47，203，179。大小为35点。为图层添加描边效果，描边颜色为黑色。

6）用钢笔工具绘制如图3-162所示的曲线，用横排文字工具在绘制好的路径上单击。输入如图3-163所示的文字，文本颜色RGB为：47，203，179。并为文字图层添加描边效果。最后得到如图3-158所示效果。

图3-161 调整文字位置

图3-162 钢笔绘制曲线

图3-163 钢笔曲线路径文字

3．知识点讲解

（1）定位指针　绘制一条路径，选择 T 文字输入工具，将工具移动到路径上，使文字工具的基线指示符位于路径上，然后单击鼠标左键。路径上会出现一个插入点，此时输入文字即可。

（2）输入文字　横排文字沿着路径显示，与基线垂直。直排文字沿着路径显示，与基线平行。

（3）在路径上的文字　可以通过路径选择工具，在圆点位置出现箭头，向箭头所指的方向拖拽，就可以调节文字在路径的上下位置，在圆点位置左右方向拖拽，可以调节调整文字在路径上的左右位置。如图3-164所示。

图3-164 调整文字位置

4．课后练习

环形文字效果如图3-165所示。

图3-165 课后练习效果图

扫码在线观看操作视频

第3章　Adobe Photoshop CC 2017绘图修饰及图像编辑

解题思路

1）新建文件10×10cm，分辨率为72，调出标尺和参考线，将垂直参考线和水平参考线的交叉点设置在文档的中心处。

2）使用椭圆形工具，选择工具模式为形状，路径操作选择工具减去顶层形状。"从中心"绘制路径的形式，以水平参考和垂直参考线的交叉点为中心绘制路径。分别绘制最外层的大圆和中间的小圆，形成一个中空的环形。

3）在路径面板复制环形路径，选择文字输入工具沿路径输入中文文字。选择调整文字在路径上的位置。使用同样方法绘制新的文字路径，并输入英文。注意调整文字在路径上的位置。

4）新建图层，在路径面板将路径作为选区载入，选择"编辑"→"描边"命令，为环形选区添加3像素描边。

5）分别为圆环、中文字、英文字和背景添加不同的图层样式。

3.5.4　实例四　镶钻字

1．本实例需掌握的知识点

1）文字与滤镜的结合运用。

2）文字与图层样式效果结合使用。

实例效果如图3-166所示。

扫码在线观看操作视频

图3-166　实例效果图

2．操作步骤

1）新建文件600×300像素，RGB模式，分辨率为300像素，背景填充为黑色。

2）选择文字工具，字体为黑体，字号为56，前景色设置为白色。然后输入文字"lazo"。在此图层单击鼠标右键→栅格化文字。

3）按<Ctrl>键单击"lazo"图层缩览图载入选区。执行"滤镜"→"渲染"→"云彩"命令。

4）执行"滤镜"→"滤镜库"→"扭曲"→"玻璃"命令，参数设置如图3-167所示。按<Ctrl+M>快捷键调出曲线面板，调整曲线参数如图3-168所示。

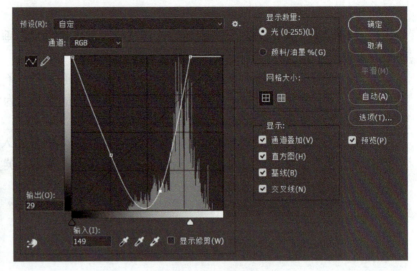

图3-167 滤镜玻璃参数值　　　　　　　　图3-168 曲线参数设置

5）为图层"lazo"添加图层样式里的描边。大小为10，填充类型为：渐变。角度为：98。填充类型为渐变，渐变的3种颜色RGB值分别为：217，159，0；255，158，18及217，159，0。

6）继续为图层添加斜面浮雕。样式：描边浮雕；方法：雕刻清晰；深度：111%；大小10像素；软化：0像素。阴影角度：120；高度：30；光泽等高线：环形-双。

7）继续为图层添加等高线，具体设置如图3-169所示。

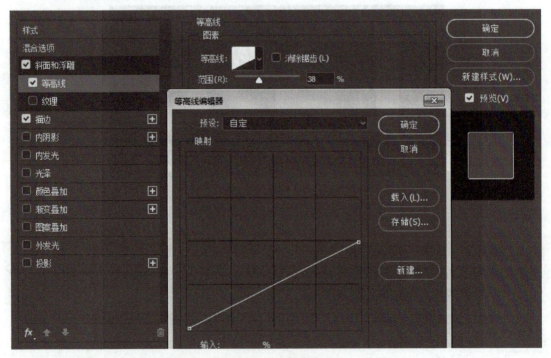

图3-169 设置等高线

8）最后给其加一些星光效果。单击画笔，将画笔改成混合画笔，找到星形画笔，在图中进行描绘。

3. 知识点讲解

（1）文字删格化与滤镜效果相结合使用。文字栅格化以后才可以使用滤镜。但是，文字栅格化以后，不具备文字属性，字符与段落面板对栅格化后的文字就不起作用了。所以，一定在确定好文字的字体、大小、间距等参数后再栅格化。文字与滤镜的结合，可以制作不同质感的文字特效。制作文字特效的时候，也常常是几种滤镜结合使用来达到一个效果。

（2）在文字图层单击鼠标右键选择"栅格化文字"命令，也可以执行"文字"→"栅格化文字图层"命令，达到同样的效果。

（3）图层样式可以给文字添加很多效果，常用浮雕效果增加文字的立体感，投影效果增加文字的真实感。我们也常常使用几种样式来达到效果。金属字常用到的渐变叠加，斜面浮雕等高线；霓虹字常用到的外发光，内发光；珠宝字常用到的内发光，光泽等。

4. 课后练习

运用本课所学知识制作如图3-170所示的特效文字。

图3-170　课后练习效果图　　　　　　　　扫码在线观看操作视频

解题思路

1）新建黑色背景文件，输入"燃烧"文字，黑体，白色。
2）复制"燃烧"文字，改颜色为黑色。
3）隐藏黑色字，选择白色字。旋转画布，执行滤镜"风"命令4次。
4）显示黑色字，改小字号，执行"风"命令，两次。
5）旋转画布，合并两个文字层，执行滤镜"波纹"命令。
6）执行滤镜"方框模糊"命令，设置透明度为55。
7）依次执行"图像"菜单"模式"中的"灰度""索引颜色""颜色表"命令，选择"颜色表"中的"黑体"。

8）再执行"图像"→"模式"→"RGB颜色"命令，复制图层，执行"方框模糊"命令。

添加"蒙版"，完成。

3.5.5 实例五 折纸字

1．本实例需掌握的知识点

1）字符面板的使用、文字转换为形状命令。

2）文字工具与矢量形状的结合使用。

实例效果如图3-171所示。

扫码在线观看操作视频

图3-171 实例效果图

2．操作步骤

1）打开图片"淘宝网店bannner"。选择横排文字工具，字体"迷你简菱心"，字号170，文本颜色RGB为：254，152，153。输入文字"迎新春（换行）折上折"，打开字符面板，将字符的大小、间距分别进行调解，效果如图3-172所示。

2）执行"文字"→"转换为形状"命令，用 ▶ 直接选择工具，配合<Shift>键加选，调整矢量锚点的位置，如图3-173所示。

3）选择工具栏 ■ 矩形工具，修改选项栏的"路径操作"为"合并形状" ■ ，在"迎""新"两字之间绘制矢量矩形条，然后选择选项栏的"路径操作"为"合并形状组件"，如图3-174所示。再用 ▶ 对锚点进行微调。

4）选择工具栏 ■ 矩形工具，修改选项栏的"路径操作"为"合并形状" ■ ，在"折上折"几个字之间绘制矩形条，然后选择选项栏的"路径操作"为"合并形状组件"，效果如图3-175所示。

第3章 Adobe Photoshop CC 2017绘图修饰及图像编辑

图3-172 实例效果图

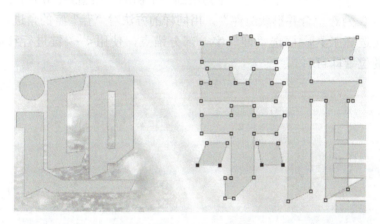
图3-173 调节锚点和形状

图3-174 合并形状

123

图3-175 合并形状

5）选择钢笔工具，修改属性栏的选择工具模式为"形状"，修改路径操作模式为"减去顶层形状"，在"迎"字上的一个角绘制一个梯形，如图3-176所示。然后选择属性栏的"路径操作"为"合并形状组件"。用同样的方法对"春"字的角进行处理。

6）用直接选择工具框选"迎"字一部分锚点，使用<→>键进行移动，移动到如图3-177所示的位置即可。

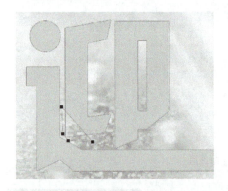 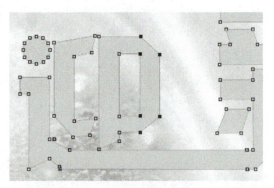

图3-176 减去顶层形状　　　　　　图3-177 移动锚点位置

7）新建"图层1"，选择矩形选框工具，框选文字笔画转折的部分，选择画笔工具，画笔大小50，不透明度35%，流量25%，在选区内绘制阴影。效果如图3-178所示。

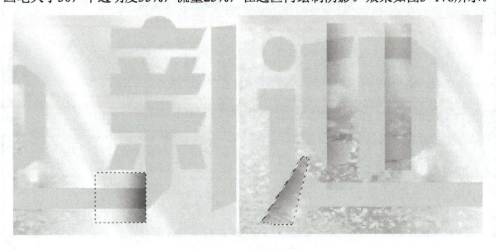

图3-178 实例效果图

8）用多边形套索工具选择转角，并用画笔工具继续绘制阴影。全部阴影绘制完效果如图3-179所示。

图3-179　实例效果图

9）按<Ctrl>键单击形状文字缩览图载入其选区，选中绘制阴影的新建"图层1"，按快捷键<Ctrl+Shift+I>反选，按<Delete>删除所选。最后得到如图3-171所示的效果。

3．知识点讲解

1）将文字转换为形状，也可以在图层面板的文字图层上单击鼠标右键选择"转换为形状"选项。

2）把文字转换为形状后，需要调出矢量描边线和锚点时，可以使用路径选择工具在图层缩览图上单击鼠标左键。

3）用"直接选择"工具如果想一次选中多个锚点，可以按住<Shift>键加选。

4）在使用"钢笔"工具绘制要剪切的形状的时候，要确保将要被剪切的矢量形状处于激活状态。选项栏的"路径操作"为"减去顶层形状"。绘制形状的时候要注意形状的路径必须是闭合的。绘制一个形状之后，还可以用直接选择工具继续调整锚点的位置。在选择了属性栏的"路径操作"为"合并形状组件"命令之后新绘制的形状会从原有的形状中减去，形成一个新的形状。如果要从原有形状中减去多块形状，最好每减去一块形状，执行一次"合并形状组件"命令。

5）用画笔工具绘制阴影的时候，注意调整画笔的位置，在矩形选框中，画笔不要在选框正中间绘制，要偏向某一侧，这样才能画的更接近真实阴影。

4．课后练习

运用本课知识点完成如图3-180所示的珍珠文字效果。

图3-180　课后练习效果图　　　　　　　　扫码在线观看操作视频

1）新建文件500×500像素，分辨率72，输入文字：5，字体：方正少儿简体，大小500。

2）执行"文字"→"创建工作路径"命令。新建一个图层，选择画笔工具，大小25像素，硬度100%，打开画笔面板，调整画笔笔尖形状，间距122%。用在路径上单击鼠标右键选择"描边路径"选项。

3）为路径画笔描边图层添加斜面浮雕、颜色叠加样式，叠加颜色RGB为：247，206，194，斜面浮雕参数如图3-181所示。等高线设置如图3-182所示。

图3-181　图层样式设置

第3章　Adobe Photoshop CC 2017绘图修饰及图像编辑

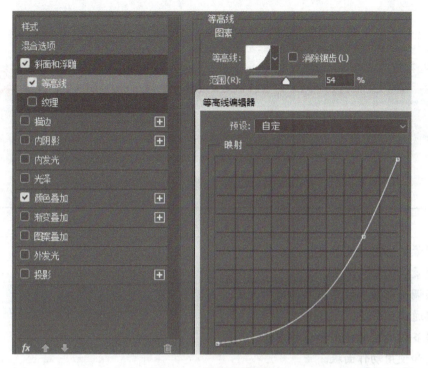

图3-182　等高线的设置

3.5.6　小结

本段课程主要学习运用文字工具的相关知识，其中包括对文字调版样式的学习，文字蒙版的了解。文字与路径的结合使用，运用文字与滤镜的结合创造出漂亮的特效文字等，文字工具的熟练掌握对以后学习有深远的影响。

本章总结

本章对Adobe Photoshop CC 2017绘图修饰、图像编辑的操作方法及文字工具进行了介绍与阐述，并结合简明的实例对它们进行具体地讲解，同时还对工具的属性与一些技巧进行了说明。在学习过程中，充分体会案例的操作过程，在修饰、编辑图像的工作中熟练地运用所学技巧，融入想象力和创造力，可以在作品中起到"画龙点睛"的作用。

127

第4章　Adobe Photoshop CC 2017的蒙版、通道和动作

学习目标

---

1) 了解蒙版的用途及种类。
2) 掌握蒙版的编辑方法。
3) 掌握调整图层和填充图层的使用方法。
4) 了解通道的种类。
5) 掌握多种通道的使用和编辑方法。
6) 熟悉和使用动作面板。

4.1　Adobe Photoshop CC 2017的蒙版

4.1.1　实例一　鹰

1. 本实例需掌握的知识点
（1）为图层添加蒙版
（2）编辑蒙版
1) 使用渐变工具编辑蒙版。
2) 使用绘图工具编辑蒙版。
实例效果如下图4-1所示。

2. 操作步骤
1) 打开"素材"\"第4章"文件夹中的素材图片"山"。
2) 设置画布大小为640×750像素，定位为文档底部居中，画布扩展颜色为白色。
3) 执行"文件"→"置入嵌入的智能对象"命令，将素材文件夹中的"鹰.jpg"文件置入至当前文档中，图层名默认为"鹰"。图片置入的效果及图层面板如图4-2所示。

图4-1　实例效果图

第4章　Adobe Photoshop CC 2017的蒙版、通道和动作

图4-2　置入文件及图层效果

4）调整置入图片的位置和大小，按<Enter>键确认。

5）选择图层"鹰"，单击图层面板下方的添加图层蒙版按钮，为其添加"蒙版"。

6）选择工具箱中的渐变填充工具，单击工具属性栏上的 打开"渐变编辑"对话框，编辑渐变色为上白下黑的渐变过渡色。

7）用编辑好的渐变色填充蒙版，此时图层面板如图4-3所示。

8）选择工具箱中的 工具，设置前景色为黑色，工具属性栏中画笔的透明度为70%。在图层面板中选择"蒙版"用设置好的画笔在"鹰"图层中描绘，将"鹰"的图片在水中的部分隐藏。画笔描绘的位置如图4-4所示。

9）保存文件。

　　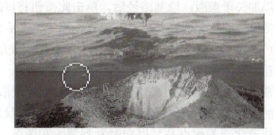

图4-3　图层面板　　　　　　　　　图4-4　画笔在蒙版中描绘的位置

3．知识点讲解

（1）了解蒙版　"蒙版"一词源自于摄影，指的是控制照片不同区域曝光的传统暗房技术，Photoshop中文版的蒙版与曝光无关，它是借鉴了区域处理这一概念，可以处理局部图像。

在图层编辑中，想要在合成分层图像的同时又保持原图像素不被破坏，其关键在于图层蒙版的应用。蒙版可以遮盖部分图像，既控制了画面效果又不影响图像上的像素。

图层蒙版是灰度图像，它应用于上下两个图层，蒙版添加到上一图层中。如果选择画笔工具，用黑色在蒙版上描绘将隐藏当前图层内容，显示下一层的图像。相反，用白色在蒙版上描绘则会使被隐藏内容恢复。蒙版面板如图4-5所示。

图4-5　蒙版浮动面板

从蒙版中载入选区：单击此按钮可将蒙版作为选区载入继续编辑。

应用蒙版：单击此按钮可将编辑好的蒙版被应用于图层中，图层面板中的蒙版同时被删除。

停用/启用蒙版：单击此按钮蒙版被停用，图层面板中的蒙版缩略图显示红叉，再次单击蒙版后被启用，同时红叉消失。

删除蒙版：单击此按钮删除蒙版。

添加图层蒙版：制作选区后，单击此按钮将以选区的形状为图层添加像素蒙版。

添加矢量蒙版：绘制路径后，单击此按钮将以路径的形状为图层添加矢量蒙版。

浓度、羽化、选择并遮住及色彩范围等将在后面的实例中介绍。

（2）蒙版的类型　蒙版的类型主要有图层蒙版、矢量蒙版和快速蒙版。所有蒙版都能用于在编辑图像时，使图像部分显示或隐藏。

图层蒙版被用来创建基于像素的柔和边缘蒙版，遮蔽整个图层或图层组，或者只遮蔽其中的被选部分；而矢量蒙版被用于创建基于矢量形状的边缘清晰的设计元素。

快速蒙版的优点是可以同时看到蒙版和图像。可以从选取区域开始，是由画笔工具来添加或删除其中部分区域，或者能够在快速蒙版模式下完整地创建蒙版。

1）图层蒙版。图层蒙版的使用必须在普通图层中进行，具体使用方法是选择要添加蒙版的图层，单击"图层面板"下方的"添加图层蒙版"按钮，为该图层添加蒙版（注意：当添加图层蒙版后，按钮变为"添加矢量蒙版按钮"，再次单击可为图层添加适量蒙版）。可以用渐变工具来编辑蒙版，也可以用一种绘图工具来描绘蒙版，实例一"鹰"中的蒙版就是用渐变工具和绘图工具相结合来编辑的蒙版效果。

第4章　Adobe Photoshop CC 2017的蒙版、通道和动作

通常都是在显示图层内容的情况下编辑蒙版，也可以将蒙版放置到工具区中来编辑。其方法是按住<Alt>键的同时，单击蒙版的缩略图，此时蒙版被放置到工作区域。选择一种绘图工具，用黑色画笔添加蒙版的内容，用白色画笔去掉蒙版的内容。

右击蒙版缩略图，在打开的快捷菜单中可以选择蒙版的"停用、删除、应用等方式"。

另外，也可以通过菜单栏中的"图层"菜单为图层添加蒙版。

2）矢量蒙版。矢量蒙版也可以称为路径蒙版。要提取那些边缘复杂清晰的对象，可以使用钢笔工具沿图像边缘创建路径。如图4-6中的莲花。

a）　　　　　　　　　　　　　　b）

图4-6　绘制矢量蒙版

a）莲花原图　b）绘制路径

使用钢笔工具将其中的莲花提取，沿莲花边缘绘制路径，在路径上单击鼠标右键，选择"创建矢量蒙版"选项，为图层添加适量蒙版，结果如图4-7所示。

图4-7　添加矢量蒙版后的画面效果及图层面板

创建矢量蒙版的方法很多，也可以先在图层上添加矢量蒙版，使其全部显示，再用钢笔工具勾勒对象形状，同样可以将所需对象提取出来。

3）快速蒙版。快速蒙版与普通蒙版不同之处在于，快速蒙版是暂时性的，不能保存。在快速蒙版模式下，可以直接在图层中将任何选区作为蒙版进行编辑，当返回到标准模式时，蒙版已变为活动的选区。

例如，要提取出图4-8中的儿童图像。单击工具箱下方的"以快速蒙版模式编辑"按钮，进入快速蒙版模式。选择画笔工具在儿童面部周围描绘，完成后单击"以标准模式编辑"按钮，返回标准模式，蒙版已变为活动的选区，将选区图像复制，儿童面部图像被提取。

a) b)

图4-8 快速蒙版编辑图

a）儿童原图　　b）快速蒙版编辑后的图像

4．课后练习

打开"素材"\"第4章"文件夹中的"莲花3"图片，用编辑图层蒙版的方式完成如图4-9所示效果。

图4-9 课后练习效果图　　　　　　　　扫码在线观看操作视频

解题思路

1）新建图层填充白色，置于荷花图层下方。

2）为荷花图层添加图层蒙版，对图层蒙版执行"分层云彩"滤镜，重复执行数次。

3）对图层蒙版执行"水波"滤镜，将编辑完蒙版的图层复制4层。

4.1.2 实例二　舞

1．本实例需掌握的知识点

1）掌握蒙版中"颜色范围"的使用。

2）掌握蒙版中"蒙版边缘"的使用。

132

实例效果如图4-10所示。

图4-10 实例效果图

2．操作步骤

1）打开"素材"\"第4章"文件夹中的"月色"图片。

2）双击背景层变为"图层0"。新建"图层1"置于"图层0"下方，并为"图层1"填充白色。

3）选择"图层0"添加蒙版，单击蒙版属性面板中的 颜色范围… 按钮，设置蒙版的颜色范围。勾选"反相"框，选择对话框中的吸管工具在文档的图像中拾取颜色，可根据效果增加或减少颜色的拾取，让月亮的图像减弱，树叶的图像朦胧。此时文档中的图像及"色彩范围"对话框如图4-11所示。

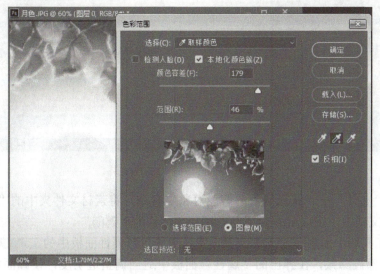

图4-11 色彩范围对话框的设置

4）单击"确定"按钮，关闭色彩范围对话框，此时图像及图层面板如图4-12所示。

图4-12 图像效果及图层面板

5）设置蒙版属性面板中的浓度为100%，羽化值为5.0像素。

6）单击蒙版属性面板中的 选择并遮住... 按钮，如图4-13所示，设置参数，使图像中出现光晕效果，单击"确定"按钮关闭对话框。

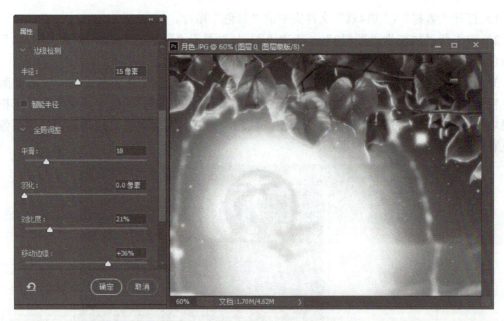

图4-13 调整蒙版后的图像效果

7）执行"文件"→"置入嵌入的智能对象"命令，将素材文件夹中的"鹦鹉.jpg"图片置入至当前文档中，按<Enter>键确认，图层名默认为"鹦鹉"。

8）选择工具箱中的 快速选择工具，单击上方工具属性面板中的 选择并遮住... 按钮，此时画面中图像全部被隐藏，在弹出的"属性"面板中适当调整透明度，使画面中的鹦鹉显示出轮廓。

9）使用快速选择工具 ，在鹦鹉上单击，如图4-14所示，使两只鹦鹉的像素显现。

134

第4章　Adobe Photoshop CC 2017的蒙版、通道和动作

图4-14　用快速选择工具显示出鹦鹉

10）选择调整边缘画笔工具 ，如图4-15所示，在鹦鹉羽毛的边缘描绘，使鹦鹉的羽毛全部显现。

图4-15　调整边缘画笔工具显示出鹦鹉的羽毛

11）鹦鹉绘制完成后，将"透明度"调整回100%，单击"确定"按钮执行效果。

12）分别调整"图层0"和"鹦鹉"图层的对比度，得到如图4-10所示的效果。

13）保存文件。

3．知识点讲解

在图层面板中提供用于调整蒙版的附加控件，可以像处理选区一样，处理蒙版中的透明度以增加或减少显示蒙版内容、反相蒙版或调整蒙版边界。

（1）浓度及羽化　"浓度"用以控制蒙版的透明度，即蒙版的遮盖强度。"羽化"用以柔化蒙版的边缘。

（2）色彩范围　此控件可以根据图像中的颜色来调整蒙版。打开如图4-16所示的"色彩范围"对话框，可以在选区范围内调整蒙版，也可以对全图进行蒙版的调整。在"选择"下拉列表中，可以根据取样的颜色设置蒙版，也可以根据系统给定的颜色来设置蒙版。

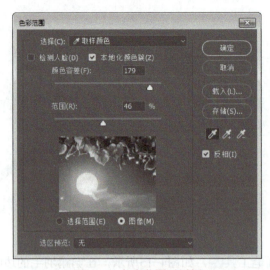

图4-16 色彩范围对话框

勾选"本地化颜色簇"选项，可在图像中选择相似且连续的颜色，以构建更加精确的蒙版。吸管工具用于在图像中拾取颜色，可根据不同效果增加或减少取样，所选取的颜色范围被作为蒙版的显示区域，勾选"反相"选项可以交换蒙版的显示和隐藏区域。

（3）选择并遮住　此控件可调整蒙版的边缘效果，与快速选择工具相同，这里不再重复介绍。

4．课后练习

打开"素材"\"第4章"文件夹中"酒杯""花"和"月"3幅图片，运用蒙版及图层颜色模式完成如图4-17所示的效果。

图4-17　课后练习效果图　　　　　　　　　　　　扫码在线观看操作视频

解题思路

1）选择"酒杯"图片，选择工具箱中的磁性套索工具，沿"冰块"与"酒"的外轮廓制作选区。

2）选择"花"图片，全选并复制图像。选择文件"酒杯"文件，执行"编辑"→"选择性粘贴"→"贴入"命令，此时"花"的图像被"贴入""酒杯"文件中，生成"图层1"并同时生成蒙版，蒙版的形状就是前面制作的选区的形状。

3）按<Ctrl＋T>键，执行"自由变换"命令，将"花"的图像缩小至合适位置。

4）此时的"花"仍然在"酒杯"外，单击"图层"面板左上角"正常"栏旁的小三角，在弹出的下拉框中选择"颜色加深"改变"图层1"的显示模式，使"花"很自然地进入"酒杯"中。

5）执行"文件"→"置入"命令，将素材文件夹中的"月.jpg"图片置入至当前文档中，图层名默认为"月"。

6）双击背景层变为"图层0"，将"月"图层置于"图层0"下方。

7）为"图层0"添加蒙版，运用蒙版面板中的"颜色范围"调整蒙版，得到如图4-17所示效果。

4.1.3 实例三　脸谱

1. 本实例需掌握的知识点

1）了解调整图层。

2）掌握新调整图层的创建及编辑方法。

实例效果如图4-18所示。

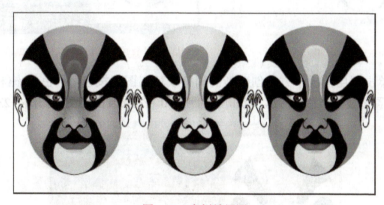

图4-18　实例效果图

2. 操作步骤

1）打开"素材"\"第4章"文件夹中的"脸谱"图片。

2）选择工具箱中的钢笔工具组和路径选择工具组，沿脸谱眉心图案绘制路径，如图4-19所示。

3）单击图层面板下方的创建新的调整或填充图层按钮→"色相/饱和度"，在"属性"面板中设置参数值，色相3，饱和度-7，明度-5。效果及图层面板如图4-20所示。

4）再次选择工具箱中的钢笔工具组和路径选择工具组，沿脸谱脸部黄颜色部分绘制路径，如图4-21所示。

5）进入"路径"面板，将眉心路径复制到面部路径中，路径效果及路径面板如图4-22所示。

图4-19　制作眉心图案路径　　　　图4-20　眉心图像效果及图层面板

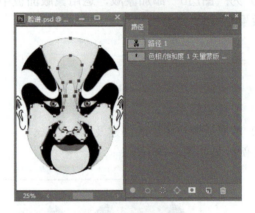

图4-21　绘制面部黄色部分图案路径　　图4-22　将眉心路径复制到面部路径中

6）再次单击图层面板下方的创建新的调整或填充图层按钮 → 色相/饱和度，在"属性"面板中设置参数值，色相-36，饱和度7，明度0。效果及图层面板如图4-23所示。

图4-23　面部图像效果及图层面板

7）双击背景层，变为普通图层。执行"编辑"→"画面大小"命令，设置画面宽度为2400像素，高度不变。

8）将所有图层链接，选择 工具，按住<Alt>键，在画面上移动脸谱，复制出两个脸谱。将3个脸谱横向排列，选择最左侧的脸谱，单击图层面板上的"色相/饱和度"的图层缩

第4章　Adobe Photoshop CC 2017的蒙版、通道和动作

略图 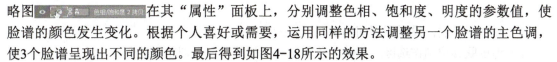 在其"属性"面板上，分别调整色相、饱和度、明度的参数值，使脸谱的颜色发生变化。根据个人喜好或需要，运用同样的方法调整另一个脸谱的主色调，使3个脸谱呈现出不同的颜色。最后得到如图4-18所示的效果。

9）保存文件。

3．知识点讲解

调整图层是Photoshop多种类型图层中的一种，在调解图像的不同色调时经常用到它。使用调整图层，就像在图像上覆盖了一层透明带颜色的玻璃，它对图像的调整是非破坏性的，与图层蒙版非常相似，可以说，它是另一种形式的蒙版。可以对整个图像创建调整图层，也可以先制作区域再创建。

调整图层的具体创建方法是，单击图层面板下方的创建新的调整或填充图层按钮，也可以执行"图层"→"新建调整图层"命令来创建。调整图层的区域可以用路径创建，也可以使用选区来创建。本实例中先为脸谱黄色部分的图像制作路径，再为路径区域创建了一个"色相/饱和度"的调整图层。新创建的调整图层位于原图像层上方，如图4-24所示，前面的图标为"图层缩览图"，后面的图标为"矢量蒙版缩览图"。

图4-24　新调整图层的位置及样式

此时的调整图层只对选区部分起作用，其道理与"制作选区再添加蒙版"的道理相似，选区外的部分为蒙版遮盖部分，选区部分为蒙版显示部分，调整的颜色通过这部分显示。在图层面板中单击创造的调整图层，调整面板即显示该调整图层的相关参数，可再次调整图像颜色。选择后面的"蒙版缩略图"，可以用绘图工具对其进行编辑，其编辑方法与前面实例介绍的编辑蒙版的方法相同。

同一幅图像可以创建多个调整图层，可同时使用色阶、曲线、色彩平衡及可选颜色等调整方式进行调整，调整图层的顺序不同所得的图像效果也不相同。

4．课后练习

打开"素材"\"第4章"文件夹中的黑白"人物"图片，运用本课所学知识将其处理成如图4-25所示的彩色效果。

图4-25　课后练习效果图

扫码在线观看操作视频

解题思路

1）复制背景层，设置图层间的混合模式为"颜色"。

2）为皮肤部位制作选区。创建"色彩平衡"调整图层，调整皮肤色。

3）选择复制的背景层，将前景色设为皮肤色，画笔的不透明度设为20，直接在复制的背景层上涂抹，为皮肤补充颜色。

4）分别运用不同的选区创建调整图层，如色相/饱和度、色彩平衡等为人物的其他部位着色。

4.1.4 实例四 飞雪

1．本实例需掌握的知识点

1）了解填充图层。

2）掌握创建填充图层的方法。

3）设置预设图案及填充图案的参数值。

实例效果如图4-26所示。

图4-26 实例效果图

2．操作步骤

1）打开"素材"\"第4章"文件夹中的"雪原.jpg"文件。

2）单击图层面板下方的创建新的调整 ◉ 或填充图层按钮，从弹出的快捷菜单中选择"图案"项。打开"图案填充"对话框，单击对话框左侧图案缩略图旁边的小三角，弹出新的"预设图案"窗口。"图案填充"对话框及"预设图案"窗口如图4-27所示。

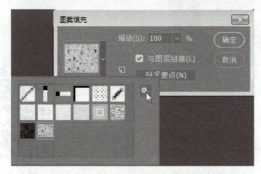

图4-27 图案填充对话框及预设图案窗口

3）单击"预设图案"窗口右上角的设置按钮，从弹出的快捷菜单中选择"图案2"项，打开名称为"Adobe Photoshop"的图案替换对话框，单击"追加（A）"按钮，将"图案2"项追加到预设图案中，追加图案的对话框如图4-28所示。

4）此时"图案2"项中的图案已经出现在"预设图案"窗口中，选择如图4-29所示的"条痕（100×100像素，灰度模式）"图案。

图4-28　追加图案对话框

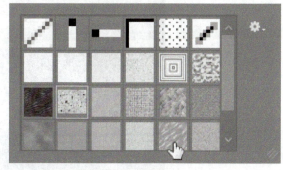
图4-29　选择图案

5）回到"图案填充"对话框，单击"确定"按钮，此时填充的图案覆盖整个画面。

6）选择图层蒙版缩略图，选择线性渐变填充，设置渐变色为样式，填充蒙版，蒙版填充后的效果及图层面板如图4-30所示。

7）设置"图案填充1"的图层混合模式为"叠加"。此时的雪花效果太大，感觉不真实，双击"图案填充1"图层前面的"图层缩略图"，再次打开"图案填充"对话框，调整合适的缩放值。图案缩放值的设置及画面效果如图4-31所示。

图4-30　填充蒙版后的效果及图层面板

图4-31　图案缩放值的设置及画面效果

8）选择背景层，单击图层面板下方的按钮，为其创建"色相/饱和度"按钮，在属性面板中设置参数值，图层面板、属性面板及画面效果如图4-32所示。

9）保存文件。

图4-32　图层面板、属性面板及最后效果

3．知识点讲解

填充图层与调整图层的作用有些相似，它们都是在图像变化的同时保持原图像素不被破坏。填充图层包括纯色填充、图案填充和渐变填充。

纯色填充图层的工作方法是使用某种单色填充图层，可以使用图层蒙版、矢量蒙版或同时使用两种蒙版。这种纯色填充图层最常用的方法是改变图层的混合模式，或改变图层的透明度来影响它下面图层的图像颜色。图4-33中，分别对背景层中的两个桃子制作选区和路径，然后对其分别创建纯色的填充图层，改变图层的显示模式，得到两个颜色比较鲜艳的图像效果。

渐变填充图层与纯色填充图层相似，它的工作方法是以渐变的形式填充图层。图4-34中，在不破坏背景图像的前提下，运用渐变填充的方法得到一片颜色鲜艳的绿叶。

图4-33　纯色填充图层

图4-34　渐变填充图层

制作方法是，制作绿叶的选区，创建渐变的填充图层，选择不同的渐变样式，可得到

不同的树叶效果。

4．课后练习

打开"素材"\"第4章"中"国画.jpg"图片，运用本课所学知识处理成如图4-35所示的效果。

图4-35　实例效果图

扫码在线观看操作视频

解题思路

1）调整图像的"亮度/对比度"使图像黑白分明。
2）选择全部的白色背景，创建"图案填充图层"。
3）添加浮雕效果的图层样式。

4.1.5　小结

本段课程主要学习运用蒙版编辑图像的相关知识，其中包括对蒙版种类的学习，蒙版的多种变化形式，新调整图层和填充图层的使用方法。其中对蒙版的理解是贯穿本段课程的主要知识点，不论创建新的调整图层还是填充图层都是建立在蒙版的基础上，都是对蒙版知识的深入理解和巧妙运用。

4.2　Adobe Photoshop CC 2017的通道

4.2.1　实例一　蝶

1．本实例需掌握的知识点

1）了解通道的类型。
2）掌握新建通道的方法。

3）用渐变色编辑通道。

4）调用通道中的选区。

实例效果如图4-36所示。

图4-36 实例效果图

2．操作步骤

1）打开"素材"\"第4章"文件夹中的"绿叶.jpg"图片。

2）执行"窗口"→"通道"命令，进入通道面板。此时通道面板中有4个通道，通道面板如图4-37所示。

图4-37 通道面板　　　　　　　　　图4-38 选择蝴蝶形状

3）单击通道面板下方的 创建新通道按钮，此时在通道面板中出现一个名称为Alpha 1的新通道，整个文档工作区被黑色覆盖。

4）选择 自定义形状工具，如图4-38所示，在"追加"进来的形状中选择一种"蝴蝶"形状。

5）将前景色设置为白色，在上方的工具属性栏中选择 像素 设置形状的绘制形式为填充像素形式。在新建的Alpha 1通道中拖曳出白色的蝴蝶形状，在通道面板中，用鼠标将Alpha 1通道拖拽到通道面板下方的创建新通道按钮 上释放，复制一个名称为Alpha 1副本的新通道，此时，文档窗口及通道面板如图4-39所示。

6）按住<Ctrl>键，单击通道Alpha 1副本，调出选区。选择渐变工具 ，设置径向渐变形式 ，填充选区。

7）取消选择，再次按住<Ctrl>键单击Alpha 1副本通道，调出新的选区，此时发现新选区与以前所做的选区不同，此时的文档画面效果及通道面板如图4-40所示。

第4章 Adobe Photoshop CC 2017的蒙版、通道和动作

图4-39 文档窗口及通道面板

图4-40 文档画面效果及通道面板

8）单击RGB通道，回到图层面板。设置前景色为紫色，新建"图层1"，按<Alt+Delete>键填充选区。画面效果与图层面板如图4-41所示。

9）取消选区。新建"图层2"填充白色。

10）双击背景层，使其变为"图层0"，将"图层2"拖拽到"图层0"的下方。

11）选择"图层0"，单击图层面板下方的添加图层蒙版按钮，为其添加"蒙版"并以径向渐变形式填充蒙版。在"图层0"中选择"图层缩略图"，执行"滤镜"→"扭曲"→"水波"命令，画面效果及图层面板如图4-42所示。

图4-41 画面效果及图层面板

图4-42 画面效果及图层面板

12）选择"图层1"，进入通道面板，按住<Ctrl>键，单击Alpha 1通道，调出选区。回到图层面板，设置前景色为深紫色，执行"编辑"→"描边"命令，描边宽度为1，位置居中。画面效果及通道面板如图4-43所示。

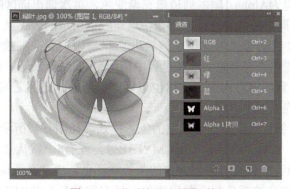

图4-43 画面效果及通道面板

13）复制"图层1"为"图层1复件"，将"图层1"移动一定的位置，链接"图层1"与"图层1副本"并将两只蝴蝶移动到文档下方，保存文件。

3．知识点讲解

通道的种类　　在Photoshop中有3种通道，一种是存储选择范围和蒙版的Alpha通道，进行图像混合、选区等操作；第二种是存储图像有关色彩信息的色彩通道；还有一种就是存储特殊色彩信息的专色通道。

（1）选区通道　　在Photoshop的通道中，有一个很重要的功能就是对选区储存、运算和合理的调用。

在通道面板中，新建的通道的默认名称为Alpha 1，默认的颜色为黑色，这种默认的颜色可以改变。选择Alpha 1通道，单击通道面板右上角的小三角，选择"通道选项"打开"通道选项"对话框，如果选择色彩指示项中的"所选区域"项，则整个通道会被白色覆盖，在这里也可以将通道设为"专色"通道。通道选项对话框如图4-44所示。

在Alpha通道中只有"黑、白和灰"的颜色即非彩色，分别选择硬度为"0"和"100"的画笔，用白色在Alpha 1通道中描绘，按住<Ctrl>键，单击Alpha 1通道会调出两种效果完全不同的选区。如图4-45所示。用前景色同时填充两个选区，所得的效果也不相同。

图4-44　通道选项对话框

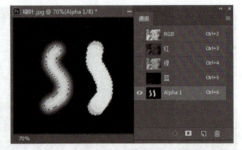
图4-45　使用两种画笔在通道中描绘得到的选区

如果在图层面板中为图像添加一个蒙版，在通道面板里，就会自动生成一个与图层蒙版内容相同的新通道，这里看到Alpha通道的储存图像和色彩的方法与蒙版很相似，所以这种储存图像与选区的通道也可以称为"蒙版通道"。图层蒙版在通道中的位置如图4-46所示。

在实例4.2.1中，当为Alpha 1副本通道填充渐变色，再次调出选区时所得的选区与Alpha 1通道中的选区完全不同，用这种选区在图像中填充颜色所示的效果也不同。

Alpha通道同时可以配合"内容识别缩放"功能。如果要在缩放图像时保留特定的区域，内容识别缩放功能允许在调整大小的过程中使用Alpha通道来保护内容。

Alpha通道可以任意的储存选区、图像也可以进行通道、选区之间的混合运算。这些内容将在以后的实例训练中逐步讲解。

（2）色彩通道　　色彩通道是基于图像的色彩模式。如图4-47所示，一幅RGB三原色图有3个默认通道：R红、G绿、B蓝。一幅CMYK图像，就有4个默认通道：C青、M洋红、Y黄、K黑。每一个通道其实就是一幅图像中的某一种颜色，也就是所说的单色通道。单击任何一种颜色的通道，图像的颜色都会发生变化，只有回到复合的RGB或CMYK通道，图像

第4章 Adobe Photoshop CC 2017的蒙版、通道和动作

才会以正常的彩色显示。

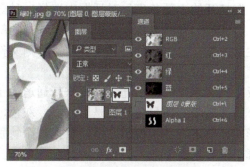

图4-46 图层蒙版在通道中的位置

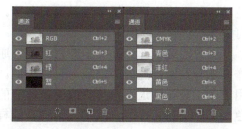

图4-47 RGB图像的通道与CMYK图像的通道

每一个色彩通道在储存色彩的同时也可以储存不同的选区，按住<Ctrl>键，单击某一通道就会调出该通道色彩的选区，以此种方式单击其他选区，大家会发现每一种通道的选区都不同。利用这种方法，可以轻松地调用出一副图像中的任何颜色的选区。

（3）专色通道　专色通道主要用于需要印刷的Photoshop图像。印刷品的颜色模式是CMYK模式，而专色是一系列特殊的预混油墨，用来替代或补充CMYK中的油墨色，以便更好地体现图像效果。专色可以局部使用，也可以作为一种色调应用于整个图像中。

在整个图像中使用专色的方法是，先将图像模式转为双色调模式。执行"图像"→"模式"→"灰度"命令，将图像转换为灰度模式，再执行"图像"→"模式"→"双色调"命令，这样就将图像的模式转换为双色调模式。将图像转换为双色调模式的同时打开"双色调选项"对话框，如图4-48所示。

在"预设"下拉列表中可选择系统提供的多种颜色系列。

在"类型"下拉列表中选择要使用的专色通道数目，最多可以建立4种专色。

在"油墨"斜线的灰色框内单击，编辑图像的色调。

在"油墨"颜色块内单击鼠标左键，可以选择专色。

这样将图像转换为双色模式，同时应用专色。

在图像中局部使用专色的方法是，为图像添加专色通道。首先为需要添加专色部分的图像建立选区，选择"通道"面板，单击其右上方的小三角按钮，从弹出的快捷菜单中选择"新建专色通道"命令，出现"专色通道选项"对话框，如图4-49所示。

图4-48 双色调选项对话框

图4-49 专色通道选项对话框及画面效果

在"密度"中输入数值,可设定特别专色的预览不透明度。单击"油墨特性"中的颜色框,在打开的对话框中单击"颜色库"按钮,在打开的"颜色库"对话框中选择一种颜色,单击"确定"按钮后回到"新建专色通道"对话框,在"名称"中出现刚刚选择的颜色的名称,这个也是新单色通道的名称。需要注意的是,这个名称最好用英文,否则文件可能无法正确读取打印。

图像的选区部分添加了专色,同时通道面板中出现新建的空白通道。这个新通道的工作方法与前面学过的"蒙版"有些相似。在这个新通道中,前景色只能是黑、白、灰色,用绘画工具在通道中涂抹将改变新通道的图像形状。在进行各种编辑之后,要把这个特别色和其他CMYK的4个通道进行合并,这样才能真正把专色溶进去。

要想在通道中显示专色的原貌,要执行"编辑"→"首选项"→"常规"命令,打开"首选项"对话框,勾选"界面"中的"用彩色显示通道"项,这样会在灰色模式图像内出现彩色。

4. 课后练习

打开"素材"\"第4章"文件夹中的"背影.jpg"图片,运用编辑通道和"内容识别比例"的方法将,改变图像大小及比例而不影响图中人物,效果如图4-50所示效果。

图4-50 课后练习效果图　　　　　　　　　扫码在线观看操作视频

解题思路

1)双击背景层,将其变为普通图层。运用套索工具,制作全部人物的选区。

2)进入通道面板,单击面板下方的将选区存储为通道按钮,生成Alpha 1。

3)双击背景层,变为"图层0"。选择工具,将文档扩大,比例不等,使图像周围出现大面积的空白区域。

4)执行"编辑"→"内容识别比例"命令,在工具属性栏的"保护"下拉列表中选择Alpha 1通道。沿控制点调整图像大小,使图像充满文档,此时图像被放大并改变了比例,而图像中人物的大小及比例未受影响。

4.2.2 实例二 春华秋实

1. 本实例需掌握的知识点

1)运用通道对颜色的储存功能制作选区。

2)运用通道对图像的储存功能进行通道运算。

3）运用通道对选区的储存功能进行通道运算。

实例效果如图4-51所示。

图4-51　实例效果图

2．操作步骤

1）打开"素材"\"第4章"文件夹中的"绿.jpg"图片。

2）进入通道面板，按住<Ctrl>键，单击绿色通道，调出该通道的选区。

3）回到图层面板，选择任一选区工具，在选区中单击鼠标右键选择"通过拷贝的图层"选项，复制图像并生成图层"图层1"。

4）新建"图层2"置于"图层1"下，选择渐变填充工具，设置径向渐变形式。在渐变编辑器中选择透明蜡笔渐变，在"图层2"中填充渐变色。

5）选择"图层1"，执行"图像"→"调整"→"可选颜色"命令，在"颜色"选项中选择"绿色"设置其中的青色和洋红参数值，将树叶的颜色变得更绿。

6）选择"背景层"，执行"图像"→"调整"→"亮度／对比度"命令，将亮度值调整为-100，对比度调整为+100。使背景层的图像变得较暗，图层1中的绿叶则变得突出。

7）选择通道面板，单击通道面板下方的按钮，创建新通道Alpha 1。

8）选择工具箱中的文字蒙版工具，设置字体为Bauhaus 93，字号为120，在Alpha 1中输入文字"Photoshop"并用白色填充选区。

9）取消选区，执行"滤镜"→"模糊"→"高斯模糊"命令，半径值为2。再执行"滤镜"→"风格化"→"浮雕效果"命令，角度-145，高度8，数量100。此时画面效果及通道如图4-52所示。

10）复制Alpha 1为Alpha 1副本，执行"图像"→"调整"→"反相"命令。

11）选择Alpha 1副本通道，执行"图像"→"调整"→"色阶"命令，在对话框中用黑色滴管工具，在文字以外的区域单击鼠标左键，设置黑场。

12）选择Alpha 1通道，执行"图像"→"调整"→"色阶"命令。在文字以外区域单击鼠标左键，设置黑场。

13）回到RGB复合通道，载入Alpha 1通道的选区。此时画面效果及通道如图4-53所示。

14）选择图层面板，合并所有图层为背景层，执行"图像"→"调整"→"亮度/对比度"命令，亮度值为-100，使选区变暗。

15）载入Alpha 1副本通道的选区，执行执行"图像"→"调整"→"亮度/对比度"命令，亮度值为100，使选区变亮。取消选择，此时画面中出现浮雕文字效果。保存文件，命名为"4.2.2.psd"。

图4-52　使用滤镜后的通道面板及画面效果　　　　图4-53　画面效果及通道面板

16）打开"素材"\"第4章"文件夹中的"树叶.jpg"图片。

17）选择 工具，制作红色树叶的选区，将红色树叶复制到文件4.2.2.psd中。

18）按<Ctrl+T>键，将红色树叶水平翻转并缩小。

19）载入图层1中红色树叶的选区，执行"选择"→"修改"→"收缩"命令，收缩量为25。执行"选择"→"储存选区"命令，打开"储存选区"命令对话框，在"名称"栏中输入A，确定。此时通道面板中出现一个名称为A的新通道，画面效果和通道面板如图4-54所示。

20）再次载入"图层1"的选区，执行"选择"→"载入选区"命令，打开"载入选区"对话框，从选区中减去通道A中的选区，得到树叶边缘的选区。载入选区对话框的设置如图4-55所示。

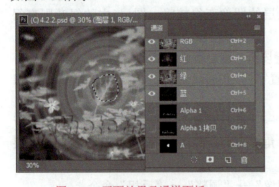

图4-54　画面效果及通道面板　　　　　　　图4-55　设置载入选区对话框

21）复制红叶边缘的图像至"图层2"，将"图层1"中红叶的图像缩小。

22）将"图层1"与"图层2"合并，并执行外发光效果，最后得到如图4-51所示的效果。

3．知识点讲解

通过本实例主要了解并掌握通道对颜色的储存功能、通道对图像的储存功能和通道所

第4章　Adobe Photoshop CC 2017的蒙版、通道和动作

储存的选区之间的运算。

通道对颜色有储存功能，在图像处理中经常用到。本实例中想复制绿色的叶子到新图层中，进入通道面板会发现红、绿、蓝通道中所储存图像的选区各不相同。按<Ctrl>键单击绿色通道，图像中所有的绿色都被选中，将这一选区中的图像复制到新图层中，仔细观察，用这种方法复制的图像颜色过度柔和而自然。

运用此种方法还可以制作常见的彩虹效果，如图4-56所示。制作方法是，新建图层，调出红色通道中的选区，选择"罗素彩虹"渐变填充新图层。

图4-56　彩虹效果

通道对图像的储存方法是，在通道中编辑图像，或将图像复制到通道中。本实例中选择在通道中编辑文字图像的方法，运用文字暗部与亮部的颜色调用选区，调整图层中图像的颜色来形成一种浮雕效果。

通道之间的运算解决的是选区的问题。在图像处理中往往会遇到这样的问题，想得到一个选区，用选择工具很难实现，这时就可以利用通道之间的计算来完成。在Photoshop中对选区的储存，实际上就是在通道中建立了一个新的通道，新通道中的图像形状就是选区的形状，然后再用另一个选区与通道中的选区进行相加、相减或交叉的运算，从而得到一个新的选区。

4．课后练习

打开"素材"\"第4章"文件夹中的"拉丝效果.jpg"素材图片，运用通道的运算完成如图4-57所示效果。

图4-57　课后练习效果图

扫码在线观看操作视频

解题思路

1）进入通道面板，按住<Ctrl>键，单击红色通道，调出选区。

2）新建通道Alpha1，填充白色。

3）调出通道Alpha1的选区，反选。回到RGB通道，进入图层面板。

4）新建"图层1"，用黑色填充选区，为图层1添加"渐变叠加"样式。

5）新建"图层2"，填充白色，置于图层1下方。

6）复制图层1，高斯模糊，图层混合模式为"强光"。

7）新建"图层3"，填充黑白渐变色，添加蒙版，用黑色涂抹中间部分。

4.2.3 实例三 木板画

1．本实例需掌握的知识点

1）通道对图像的储存功能。

2）运用"光照效果"滤镜应用通道。

实例效果如图4-58所示。

2．操作步骤

1）新建文件400×320像素，RGB模式，白色背景，保存为"4.2.3.pds"。

2）执行"滤镜"→"杂色"→"添加杂色"命令，数量56、高斯分布、单色。

3）执行"滤镜"→"模糊"→"动感模糊"命令，角度为0，距离值为45。

4）执行"图像"→"调整"→"色相/饱和度"命令，勾选"颜色"选项，并调整一种木纹的颜色。此时的画面效果如图4-59所示。

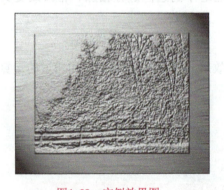

图4-58 实例效果图

图4-59 木纹效果

5）执行"滤镜"→"扭曲"→"旋转扭曲"命令，为木纹增加一定的扭曲纹理。

6）打开"素材"\"第4章"文件夹中的"木板画.jpg"图片。

7）按<Ctrl+A>键全选，按<Ctrl+C>键复制。

8）选择前面制作的"4.2.3.psd"的木纹纹理文件，新建Alpha 1通道，按<Ctrl+V>键将复制的图像粘贴到新通道中。

9）按<Ctrl+T>键调整通道中的图像大小，并将图像置于画面中心，效果如图4-60所示。

10）回到RGB通道，执行"滤镜"→"渲染"→"光照效果"命令，打开光照效果对话框，在纹理通道项中选择Alpha 1，光照效果对话框的设置如图4-61所示。

11）再次执行"色相/饱和度"命令，调整木板画的颜色。

第4章 Adobe Photoshop CC 2017的蒙版、通道和动作

图4-60 画面效果及通道面板

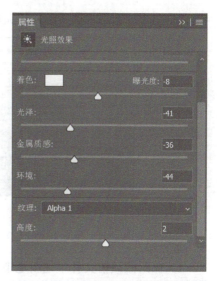

图4-61 光照效果对话框的设置

3．知识点讲解

通道可以储存颜色、选区和图像，在实例4.2.1和4.2.2中讲解了运用通道对颜色、图像和选区的储存功能来制作选区、复制图像等方法，本节中学习运用通道储存图像的方法编辑图像。

在新建的Alpha通道中无彩色，当把一图像粘贴到Alpha通道中时，该图像变为灰色图像，以黑、白、灰的形式显示。这次不再调整通道中的选区，而是要将通道中的图像在图层中完全显示出来。

要在图层中显示通道中储存的图像，可以通过光照效果滤镜来实现。在光照效果滤镜对话框中，单击纹理通道旁的下拉框，可以从中选择通道，选择纹理通道的位置如图4-62所示。

此时通道中所储存的图像的纹理就会在图层中显示出来，由于通道中图像的像素的差别，在图层中显示出来的图像就会自然形成一种高低不同的浮雕效果。运用这种方法，可以轻松地合并两副图像，并得到比较特别的效果，如图4-63就是将两副风景图片合并到一起的效果。

图4-62 选择纹理通道

图4-63 使用通道合并两幅图像

4．课后练习

打开"素材"\"第4章"文件夹中"布达拉宫.jpg""西藏风情.jpg"和"西藏文

字.jpg"图片,运用本课所学知识完成如图4-64所示效果。

图4-64 课后练习效果图   扫码在线观看操作视频

解题思路

1)在西藏风情文件中建新通道Alpha 1,将布达拉宫图片复制到通道中,运用光照滤镜在背景层中将布达拉宫的图像显示。

2)新建"图层1",将布达拉宫图片复制到新图层中1,与光照效果的布达拉宫对齐,设置图层的混合模式为"叠加"。

3)新建Alpha 2通道,复制西藏文字图片至Alpha 2通道中,并将其复制为Alpha 2副本通道。

4)对Alpha 2通道扩展选区,并执行高斯模糊命令。将Alpha 2通道的文字图像复制到新文件中,保存为PSD格式文件。

5)选择西藏风情文件,选择背景层,执行玻璃滤镜。在玻璃滤镜中载入保存的西藏文字的PSD格式纹理。

6)回到图层面板,新建"图层2",填充白色。调出Alpha 2的选区,执行光照滤镜,纹理通道为Alpha 2通道,图层的混合模式为叠加。

7)调出Alpha 2副本的选区,反选,删除多余的白色图像。通道面板和图层面板如图4-65所示。

a)   b)

图4-65 通道面板与图层面板的效果

a)通道面板 b)图层面板

4.2.4 小结

本段课程主要学习运用通道编辑图像的相关知识,了解通道的种类,重点掌握通道与选区、色彩之间的关系、多个通道之间的组合运算的方法，运用选区通道、色彩通道编辑图像，及通道使用的相关技巧。

4.3 Adobe Photoshop CC 2017的动作使用

4.3.1 实例一 使用动作

1．本实例需掌握的知识点
1）认识动作面板。
2）使用动作面板。
实例效果如图4-66所示。

2．操作步骤
1）打开"素材"\"第4章"文件夹中"猫.jpg"文件。
2）单击"动作"面板标签，进入动作面板。展开默认动作，选择"木质画框-50像素"单击下面的播放选定的动作按钮，得到如上面图4-66所示的画面效果，动作面板如图4-67所示。

图4-66 实例效果图

图4-67 动作面板选定木质画框

3．知识点讲解
Photoshop中的"动作"是为了提高工作效率。在实际工作中，往往会遇到这样的问题，经常要处理一些同样效果、同样颜色或是尺寸一样的一批图片。当一次次地重复同样的操作时会感到很麻烦，也很浪费时间。这时的动作面板可以帮助用户快速地解决这一问题，只需单击鼠标就可以一次性完成一系列的操作。

（1）认识动作面板 所谓的"动作"就是播放单个文件或一批文件的一系列命令。下面大家来认识动作面板。动作面板如图4-68所示。

用户可以使用已有的动作，也可以录制新的动作。

（2）使用动作 在Photoshop CC 2017中储存了很多动作，单击动作面板右上角的■按钮，从弹出的动作菜单中选择动作组，可以将其加载到动作面板中。选择一个动作，单击动作面板下方的播放选定的动作按钮▶，执行动作就可以得到想要的效果。

展开动作，可以看到形成该动作的每一个命令，播放动作可以看到每个命令被逐一执行。

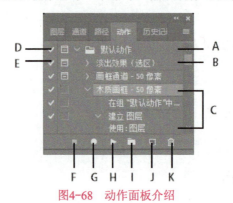

图4-68　动作面板介绍

A—动作组　B—动作　C—已记录的动作　D—切换项目开关　E—切换对话开关
F—停止播放/记录　G—开始记录　H—播放选定的动作　I—创建新组　J—创建新动作　K—删除动作

（3）创建动作　在工作中大家会发现，尽管软件提供了大量的动作，仍然无法满足需要。这时我们就要创建一些新的动作来提高工作效率。创建新动作的具体方法将在后面介绍。

4．课后练习

打开"素材"\"第4章"文件夹中"木板画.jpg"图片。运用本课所学知识处理成如图4-69所示效果。

图4-69　课后练习效果图　　　　　　　　　　扫码在线观看操作视频

解题思路

在动作面板中载入"图像效果"动作组，选择其中的"暴风雪"效果，执行动作。

4.3.2　实例二　录制动作

1．本实例需掌握的知识点

1）创建新动作。

2）录制新动作。

实例效果如图4-70所示。

图4-70　实例效果图

第4章　Adobe Photoshop CC 2017的蒙版、通道和动作

2．操作步骤

1）新建文件300×170像素，90分辨率，RGB格式。

2）进入"图层"面板，选择文字工具，输入"图形图像"文字，字号48，字体任选。

3）进入动作面板，单击动作面板下方的创建新组按钮，打开创建新组对话框，默认新组名称为"组1"，单击"确定"按钮。此时，新创建的动作组加入到动作面板中。

4）单击动作面板下方的创建新动作按钮，打开"新建动作"对话框，在"名称"栏中输入名称为"倒影文字"，在"组"栏中选择"组1"，单击"记录"按钮。新建的动作被加入到动作面板的"组1"中，同时动作面板下方的"开始记录"按钮呈红色显示。新建动作对话框及动作面板如图4-71和图4-72所示。

图4-71　新建动作对话框

图4-72　动作面板开始记录

5）单击图层面板下方的添加图层样式按钮，打开"图层样式"对话框，分别设置"投影、斜面和浮雕、渐变叠加"效果。

6）在图层上单击鼠标右键选择"栅格化图层样式"选项，将当前图层栅格化。

7）复制图层，执行"编辑菜单"→"变换"→"垂直翻转"命令，将图层翻转，并移动图层到前一图层的下方。（注意，这里的垂直翻转需要使用菜单，还要用快捷键。）

8）执行"图像菜单"→"调整"→"亮度/对比度"命令，调整亮度为-150。

9）执行"滤镜菜单"→"模糊"→"动感模糊"命令，设置角度为90，距离12。

10）回到动作面板，单击面板下方的停止播放／记录按钮，结束动作的录制。展开动作，可以看到，在单击创建新动作按钮后所做的操作都被记录在动作面板中，直到单击停止按钮为止。此时的动作面板如图4-73所示。

11）检查录制的动作是否成功。输入新的文字，在动作面板中选择"倒影文字"单击按钮，新输入的文字被自动设置浮雕、渐变叠加，并出现倒影效果，说明动作录制成功。

图4-73　录制完成的动作面板

3．知识点讲解

在动作面板的学习中，录制动作是必须掌握的知识。

（1）创建新动作

1）打开文件，确定新动作的开始位置。

2）在"动作"面板中，单击动作面板下方的创建新组按钮，输入新建组名称。

3）单击创建新动作按钮，或从"动作"面板菜单中选取"新建动作"输入动作的名称，单击"记录"按钮，此时在Photoshop中所作的一切操作都将被记录，直到单击停止播

放/记录按钮■为止。

值得注意的是，在记录动作时要使用菜单而不是快捷键，快捷键会影响动作的正确记录，使动作在播放时出现错误，无法正确执行。

在使用动作时，往往要改变动作中的一些颜色、图案等命令参数，这就需要在录制动作时插入停止，以提高在以后使用动作时的灵活性。

（2）插入"停止"

1）展开动作，选择前面录制的"倒影文字"，选择"动感模糊"项，单击动作面板右上角的■按钮，从弹出的快捷菜单中选择"插入停止"项，打开"记录停止"对话框。

2）在信息栏中可以输入要停止的信息，勾选下方的"允许继续"项，以便在使用动作时让"停止"下来的动作继续。单击"确定"按钮可以看到"停止"被插入动作中，拖动"停止"至动感模糊上方。"记录停止"对话框和此时的动作面板如图4-74和图4-75所示。

图4-74　记录停止对话框

图4-75　插入停止

3）检查"插入停止"效果。输入文字，再次选择"倒影文字"，单击▶按钮，当动作执行到"停止"项时，弹出如图4-76所示的"信息"对话框，单击"停止"按钮，可以重新设置"模糊"滤镜的参数值，如果单击"继续"将执行动作原本记录的文字效果和内容。

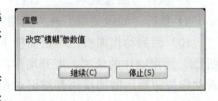
图4-76　弹出的"信息"的对话框

当记录"存储为"命令时，不要更改文件名。如果输入了新的文件名，Photoshop将记录此文件名并在每次运行该动作时都使用此文件名。在存储之前，如果浏览到另一个文件夹，可以指定另一位置而不必指定文件名。

（3）修改动作

对于录制好的动作也可以进行修改，方法是：展开动作，选择要继续录制的命令位置（也可以将错误的记录删除）单击开始记录按钮●，按钮呈红色显示，此时的操作将被记录在动作中，录制结束后，单击停止插入记录按钮■，可以看到所做的操作被记录到动作中。

4. 课后练习

打开"素材"\"第4章"文件夹中"猫.jpg"图片，运用本课所学知识，录制动作，画面的效果如图4-77所示。

第4章 Adobe Photoshop CC 2017的蒙版、通道和动作

图4-77 课后练习效果图

扫码在线观看操作视频

解题思路

1）新建动作并录制。
2）将背景层变为普通图层。
3）设置画面大小。
4）复制图层并水平翻转图层。
5）移动当前图层至合适位置，合并当前图层。
6）结束录制，完成。

4.3.3 实例三 批处理

1. 本实例需掌握的知识点

1）创建新动作。
2）录制新动作。
3）批处理命令。

2. 操作步骤

1）打开图片文件夹中任意的一张图片。

2）单击创建新动作按钮 ，打开"新建动作"对话框，在名称栏中输入"批处理"，组栏中选择在实例4.3.2中创建的"组1"，单击"记录"按钮，开始记录。新建动作对话框的设置及开始记录时的动作面板如图4-78和图4-79所示。

图4-78 新建动作对话框

图4-79 开始记录

3）执行"图像"→"图像大小"命令，按比例将图像相应地缩小。

4）在动作面板中，展开"画框"组，选择"木质画框-50像素"动作，此时的动作面板如图4-80所示。

5）单击 ▶ 按钮，执行"木质画框-50像素"动作，会出现"信息"对话框，单击"继续"按钮，得到一个画框效果的图片。画面效果和动作面板如图4-81所示。

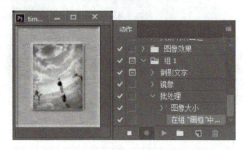

图4-80　选择动作　　　　　　　　图4-81　画面效果和动作面板

6）执行"文件"→"储存为"命令，将文件储存为.jpg格式。

7）单击播放停止/记录按钮■，新动作的录制结束。

8）执行"文件"→"自动"→"批处理"命令，打开"批处理"对话框，在"播放"栏中选择"组1"，动作选择"批处理"。在"源"栏中选择"文件夹"项，单击"选择"按钮，选择一个图片文件夹。在"目标"栏中选择"文件夹"项，单击"选择"按钮，选择一个空的文件夹。勾选"覆盖动作中的'存储为'命令（V）"项，"文件命名"栏中的内容默认，"批处理"对话框的设置如图4-82所示。

图4-82　批处理对话框的设置

9）单击确定按钮执行"批处理"命令，"源"文件夹中的每个图片都被处理。打开"目标"文件夹，看到"源"文件夹中的每张图片都被缩小，并加了一个木质的画框，如图4-83所示。

第4章 Adobe Photoshop CC 2017的蒙版、通道和动作

图4-83 批处理后的图像效果

3．知识点讲解

在工作中经常会遇到这样的问题，要将一批图片处理成同样的效果，这就需要使用"批处理"命令来完成。

"批处理"命令可以对一个文件夹中的图像文件执行动作。

具体使用方法：

1）执行"文件"→"自动"→"批处理"命令，打开"批处理"对话框。

2）在"组"和"动作"中，指定要用来处理文件的动作。菜单会显示"动作"面板中可用的动作。如果未显示所需的动作，可能需要选取另一组或在面板中载入组。

3）从"源"栏中选取要处理的文件：

"文件夹"处理指定文件夹中的文件。单击"选取"按钮可以查找并选择文件夹。

"导入"处理来自数码相机、扫描仪或PDF文档的图像。

"打开的文件"处理所有打开的文件。

"Bridge"处理Adobe Bridge中选定的文件。如果未选择任何文件，则处理当前Bridge文件夹中的文件。

4）设置处理选项：

"覆盖动作中的'打开'命令"覆盖引用特定文件名（而非批处理的文件）的动作中的"打开"命令。如果记录的动作是在打开的文件上操作的，或者动作包含它所需的特定文件的"打开"命令，则取消选择"覆盖动作中的'打开'命令"。如果选择此选项，则动作必须包含一个"打开"命令，否则源文件将不会打开。

"包含所有子文件夹"处理指定文件夹的子目录中的文件。

"禁止显示文件打开选项对话框"可隐藏"文件打开选项"对话框。当对相机原始图像文件的动作进行批处理时，这是很有用的。将使用默认设置或以前指定的设置。

"禁止颜色配置文件警告"关闭颜色方案信息的显示。

5）从"目标"栏中选取处理后文件存放的位置：

"无"使文件保持打开而不存储更改（除非动作包括"存储"命令）。

"存储并关闭"将文件存储在它们的当前位置，并覆盖原来的文件。

"文件夹"将处理过的文件存储到另一位置。单击"选取"按钮可指定目标文件夹。

6) 如果动作中包含"存储为"命令，请执行"覆盖动作中的'存储为'命令"，确保将文件存储在指定的文件夹中（如果执行"存储并关闭"命令，则存储在它们的原始文件夹中。）要使用此选项，动作必须包含"存储为"命令，无论它是否指定存储位置或文件名；否则，将不存储任何文件。

某些"存储"选项（如JPEG压缩或TIFF选项）在"批处理"命令中不可用。要使用这些选项，请在动作中记录它们，然后使用"覆盖动作中的'存储为'命令"选项，确保将文件存储在"批处理"命令中指定的位置。

如果记录的操作以指定的文件名和文件夹进行存储，并取消选择了"覆盖动作中的'存储为'命令"，则每次都会覆盖同一文件。如果已经在动作中记录了"存储为"步骤，但没有指定文件名，则"批处理"命令每次都将其存储到同一文件夹中，但使用正在存储的文档的文件名。

7) 如果选取"文件夹"作为目标，则指定文件命名约定并选择处理文件的文件兼容性选项：

对于"文件名称"，从弹出式菜单中选择元素，或在要组合为所有文件的默认名称的字段中输入文本。可以通过这些字段，更改文件名各部分的顺序和格式。每个文件必须至少有一个唯一的字段（例如，文件名、序列号或连续字母）以防文件相互覆盖。起始序列号为所有序列号字段指定起始序列号。第一个文件的连续字母字段总是从字母"A"开始。

对于"兼容性"，选取"Windows"、"Mac OS"和"UNIX"，使文件名与Windows、Mac OS和UNIX操作系统兼容。

使用"批处理"命令选项存储文件时，通常会用与原文件相同的格式存储文件。想创建以新格式存储文件的批处理，需要记录其后面跟有"关闭"命令作为部分原动作的"存储为"命令。然后，在设置批处理时为"目标"选取"覆盖动作中的'存储在'命令"。

4. 课后练习

选择多幅图片，运用批处理命令将其缩小，并在每一张图片上输入"小图标"文字。处理完成的图片以两位序号为文件名保存，效果如图4-84所示。

图4-84 课后效果　　　　　　　　　　　　　扫码在线观看操作视频

解题思路

1) 打开素材图片，新建动作。

2) 执行"图像大小"命令，缩小图片。执行"画布"大小命令，在画像的下方增加画布。

3) 输入文字"小图标"，设置字体和效果。将图片"另存为"JPG格式的文件。

4）结束动作的录制。
5）执行"批处理"命令，勾选"覆盖动作中的'存储为'命令"选项。
6）在"文件名称"栏中选择"2位数序号""扩展名小写"选项。

4.3.4 小结

"动作"是Photoshop中非常重要的一个功能，它可以详细记录处理图像的全过程，并将这一记录储存为命令，应用于其他的图像中。批处理则可以对大量的图片执行同一"动作"，一次性处理相同效果的图像，使烦琐的工作变得简单，快捷。

本 章 总 结

本章学习了蒙版、通道及动作的使用。在蒙版的学习中主要掌握蒙版与选区、图像及新调整图层之间的关系。在通道的学习中要理解并巧妙地运用通道与选区、色彩之间的关系，多个通道之间的组合运算方法。在动作的学习中重点掌握录制动作的方法及批处理的使用。蒙版与通道的学习是本章的重点内容，在学习中要深入理解蒙版与通道概念及变化，合理、巧妙运用它们制作特殊效果。生活中接触的点点滴滴都可能成为我们的老师，例如本章中的鹰、舞、脸谱、飞雪等，善于观察与发现能为我们带来意想不到的启发。

第5章　Adobe Photoshop CC 2017滤镜

学习目标

1) 了解滤镜的使用方法及其效果。
2) 掌握各种滤镜的特点并熟练应用。
3) 学会利用Photoshop的滤镜功能对图像进行修饰，增强图像的艺术效果。
4) 掌握多种滤镜的综合使用技巧。
5) 外挂滤镜的安装和使用。

5.1 滤镜

5.1.1 实例一　棒棒糖

1. 本实例需掌握的知识点

1) 为图层添加滤镜。
2) 滤镜的简单组合。

实例效果如图5-1所示。

图5-1　实例效果图

2. 操作步骤

1) 新建文件400×400像素。新建"图层1"并填充白色。
2) 选择渐变编辑器，在渐变编辑器里将渐变类型改为"杂色"，调整粗糙度和颜色模

第5章 Adobe Photoshop CC 2017滤镜

型参数，选一种自己喜欢的糖果颜色。设置参数如图5-2所示，效果如图5-3所示。

图5-2 渐变编辑器设置

图5-3 使用渐变填充后的效果

3）执行"滤镜"→"扭曲"→"旋转扭曲"命令。得到如图5-4所示效果。

4）按<Ctrl+T>键将原本为椭圆形的涡旋调整成接近正圆形。

5）选择工具箱中的  工具，按住<Shift>键画出一个正圆，选取一部分涡旋图案。

6）按<Ctrl+J>键复制选区为新的图层，得到如图5-5所示效果。

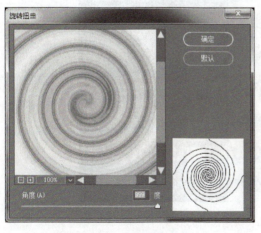

图5-4 旋转扭曲后的效果

图5-5 复制后的效果

7）在图层面板双击"图层2"调出其图层样式，勾选内阴影，不透明度为14%，角度为97，距离为10，阻塞为0，大小为5，其余保持默认设置。

8）勾选斜面和浮雕，大小为2，角度为97，高度为30，高光模式不透明度为0，阴影模式的不透明度为75%，其余保持默认设置。

165

9）设前景色为粉色，背景色为白色，新建图层并填充背景色，执行"滤镜"→"滤镜库"→"素描"→"半调图案"命令，参数如图5-6所示。

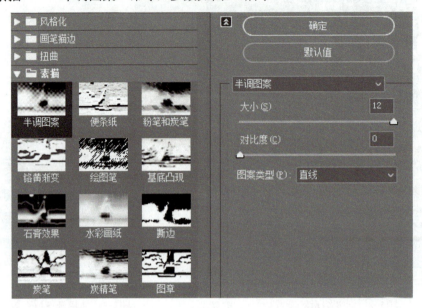

图5-6 半调图案参数设置

10）选择矩形选框工具，画出一个长条矩形，如图5-7所示。

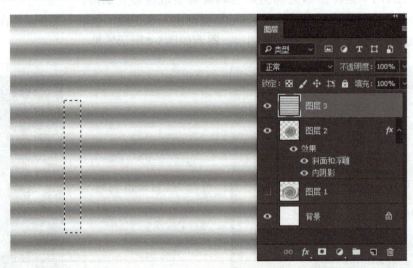

图5-7 执行半调图案并画长条矩形后的效果

11）通过<Ctrl+J>组合键将选区复制出来，命名为"杆"，执行"编辑"→"变换"→"斜切"命令，使"杆儿"有螺旋的效果后置于"图层2"之下，右键单击"图层2"图层，选择"拷贝图层样式"选项，右键单击"杆儿"图层，选择"粘贴图层样式"，"杆儿"也有了立体感，将"图层2"重命名为"糖果"，再配上漂亮的蝴蝶结，效果如图5-8所示。

12）将图层合并，添加上投影效果，棒棒糖就做好了，效果如图5-1所示。

第5章　Adobe Photoshop CC 2017滤镜

图5-8　粘贴图层样式后的效果

3．知识点讲解

（1）了解滤镜　滤镜主要是用来实现图像的各种特殊效果。它在Photoshop中具有非常神奇的作用。所有的Photoshop滤镜命令都按分类放置在滤镜菜单中，使用时只需要从该菜单中执行命令即可。滤镜的操作非常简单，但是真正用起来却很难恰到好处。滤镜通常需要同通道、图层等配合使用，才能取得最佳艺术效果。如果想在最适当的时候应用滤镜到最适当的位置，需要用户对滤镜非常熟悉并具有较强的操控能力，甚至需要具有很丰富的想象力才能有的放矢地应用滤镜，发挥出艺术才华。滤镜的功能强大，用户需要在实践中积累经验，才能使应用滤镜的水平达到炉火纯青的境界，从而创作出具有迷幻色彩的计算机艺术作品。

（2）本节两种类型滤镜的特点

扭曲滤镜组：扭曲滤镜下的命令多与扭曲效果有关，通过它们中的一种或几种组合应用，可以实现现实生活中应用到的各种扭曲效果，如本节课"棒棒糖"的制作，其关键就是利用扭曲滤镜里的"旋转扭曲"命令对图案进行扭曲处理，从而得到逼真的效果。

素描滤镜组：素描滤镜子菜单中的滤镜可以将纹理添加到图像上，通常用于获得立体效果。这些滤镜还适用于创建美术或手绘外观。许多子滤镜在重绘图像时要使用到前景色和背景色。可以通过"滤镜库"来应用所有"素描"滤镜组里的滤镜。其中的半调图案子滤镜的作用在于保持连续的色调范围的同时，可以模拟半调网屏的效果。

4．课后练习

用"半调图案滤镜"和"极坐标滤镜"完成如图5-9所示的"游泳圈"效果。

图5-9　游泳圈效果图

扫码在线观看操作视频

解题步骤

1）新建文件500×500像素，新建"图层1"并填充白色，设置前景色为红色，背景色为白色。

2）执行"滤镜"→"滤镜库"→"素描"→"半调图案"命令，设置"图案"类型为"直线"，"大小"值为12，"对比度"值50。确定后得到如图5-10所示的效果。

3）执行"编辑"→"变换"→"顺时针旋转90度"命令，使条纹竖起来。

4）按<Ctrl+T>键，拉伸条纹，使游泳圈的条纹变粗，得到如图5-11所示效果。

图5-10　执行半调图案后效果　　　　　　　图5-11　拉伸后效果

5）将需要的图案用 工具裁剪下来后，执行"滤镜"→"扭曲"→"极坐标"命令，在对话框中选择"平面坐标到极坐标"选项，效果如图5-12所示。

6）选择 工具，按住<Shift+Alt>键，在图像中心点单击鼠标并向外拖动出一个正圆选区，然后按快捷键<Shift+Ctrl+I>反选选区，按<Del>键删除选区内像素。

7）按快捷键<Shift+Ctrl+I>反选选区，执行"选择"→"变换选区"命令，按<Shift+Alt>键且向内图像中心缩小控制框，然后按<Del>键将选区内的图像删除，这时游泳圈轮廓就出来了，效果如图5-13所示。

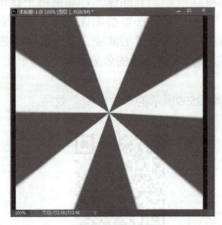 

图5-12　使用极坐标滤镜后效果　　　　　　图5-13　游泳圈轮廓

8）为游泳圈图层添加"内阴影、投影"图层样式，"投影"样式中设置不透明度为43%，角度为130，距离为12，大小为81，其余默认。在"内阴影"样式中设置不透明度为75%，角度为130，距离为5，阻塞为0，大小为38，其余保持默认设置，完成后得到如图5-9所示效果。

5.1.2 实例二　风雪骑士

1. 本实例需掌握的知识点

1）晶格化滤镜的使用。
2）风滤镜的使用。
实例效果如图5-14所示。

2. 操作步骤

1）打开"素材"\"第5章"文件夹中的"骑士"图片。

图5-14　实例效果

2）选择"骑士"图片，选择工具箱中的魔术棒工具 ，容差设置为10，选择图片黑色背景区域如图5-15所示。

3）执行"滤镜"→"像素化"→"晶格化"命令，单元格大小为15，确定后取消选区。

4）执行"图像"→"图像旋转"→"顺时针90度"命令，再执行"滤镜"→"风格化"→"风"命令，得到如图5-16所示效果。

图5-15　制作选区

图5-16　风滤镜效果

5）执行"图像"→"图像旋转"→"逆时针90度"命令，得到如图5-14所示的实例效果。

3. 知识点讲解

"晶格化"滤镜可以使图像形成大小自定的单元格，本例要在骑士塑像边缘形成冰碴效果，因此必须用魔术棒选出其边缘，而后用"风"滤镜吹出类似冰锥的效果，从而完成了风雪骑士的效果制作，这两个滤镜灵活应用可以得到很多美轮美奂的效果。

4. 课后练习

打开"素材"\"第5章"文件夹中"美女"图片，运用"风"滤镜结合变形的方法完成如图5-17所示的效果。

图5-17 课后练习效果图　　　　　　　　扫码在线观看操作视频

解题思路

1）新建文件400×400像素，新建"图层1"并用画笔画一竖线如图5-18所示。

2）执行3次"风滤镜"命令。按<Ctrl+T>组合键，再单击鼠标右键执行"变形"命令，调整出如图5-19所示效果。

3）复制"图层1"得到"图层1副本"，按<Ctrl+T>键，执行"旋转"命令，"图层1副本"的旋转角度为72°，再复制图层1副本为图层1副本2，执行以上操作4次并调整各图层位置得到如图5-20所示的花的效果。

图5-18　画竖线图　　　　图5-19　变形命令效果　　　　图5-20　复制调整得到花效果

4）合并除背景图层外的五个图层，再次复制"图层1"得到"图层1副本"，用"图层1副本"缩小来制作花蕊。

5）分别对"图层1"和"图层1"副本进行颜色调整。

6）打开"素材"\"第5章"文件夹中"美女"图片，把花拖动到图片当中并适当调整位置、大小和颜色，完成效果制作。

5.1.3 实例三 精美相框

1. 本实例需掌握的知识点

1）了解"像素化"滤镜中的"彩色半调"和"碎片"命令及"锐化"滤镜中的"锐化"命令的使用。

2）掌握滤镜与快速蒙版结合使用创作相框的技巧。

本实例效果图如图5-21所示。

图5-21 实例效果图

2. 操作步骤

1）打开"素材"\"第5章"文件夹中的"宝贝1"图片。

2）复制"背景图层"得到"背景图层副本"，选择"背景图层"为当前工作图层，按<Alt+BackSpace>键填充"背景图层"为白色，选择工具箱中的▭工具，在"背景图层副本中"框选保留区域如图5-22所示。

3）按<Q>键进入快速蒙版编辑如图5-23所示效果。

图5-22 制作选区

图5-23 进入快速蒙版

4）执行"滤镜"→"像素化"→"彩色半调"命令，最大半径为15，确定后得到如图5-24所示效果。

5）执行"滤镜"→"像素化"→"碎片"命令得到如图5-25所示效果。

图5-24 彩色半调效果

图5-25 碎片效果

6）执行"滤镜"→"锐化"→"锐化"命令4次后按<Q>键返回标准模式得到效果如图5-26所示。

7）按<Ctrl+Shift+I>键反选后按<Delete>键清除选区，应用图层样式"描边"保存后就得到如图5-21所示的效果。

3．知识点讲解

本实例中学习了"像素化"滤镜中的"彩色半调""碎片"命令及"锐化"滤镜中的"锐化"命令的使用。

图5-26　返回标准模式

"像素化"子菜单中的滤镜通过使单元格中颜色值相近的像素结成块来清晰地定义一个选区。在像素化滤镜中包括"彩块化""彩色半调""晶格化""点状化""碎片""铜版雕刻""马赛克"7个滤镜。

在"锐化"滤镜组中包括"USM锐化""智能锐化""进一步锐化""锐化"和"锐化边缘""防抖"6个滤镜。

"USM锐化"通过增加图像边缘的对比度来锐化图像。

"智能锐化"滤镜具有"USM锐化"滤镜所没有的锐化控制功能。可以设置锐化算法，或者控制在阴影和高光区域中进行的锐化量。

"锐化"滤镜通过增加相邻像素的对比度来聚焦模糊的图像。

要想合理使用各种滤镜需要多实践，了解每个滤镜的特点，从而达到熟练掌握的目的。

本实例中利用选框工具在快速蒙版模式下编辑，再结合滤镜可以实现很多边框效果。通过下面的练习进一步熟练掌握这种方法。

4．课后练习

打开"素材"\"第5章"文件夹中的"宝贝2"图片，运用本课所学知识将其处理成如图5-27所示效果。

图5-27　课后练习效果图

扫码在线观看操作视频

第5章　Adobe Photoshop CC 2017滤镜

解题思路

1）前3个操作步骤与实例3相同。

2）第四步执行4次"碎片"命令。

3）第五步执行"滤镜"→"滤镜库"→"艺术效果"→"海报边缘"命令。

4）最后两个操作步骤与实例3相同。

5.1.4　实例四　神秘洞穴

1. 本实例需掌握的知识点

1）云彩和中间值命令的使用效果。

2）加深对晶格化和锐化命令的理解。

3）渐变映射的应用。

实例效果如图5-28所示。

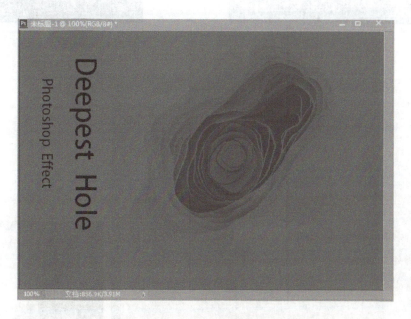

图5-28　实例效果图

2. 操作步骤

1）新建文件650×450像素，背景设置为黑色，前景色设置为白色。

2）新建"图层1"，选择柔焦画笔主直径为200像素，在"图层1"上画一个柔和的圆点如图5-29所示。

3）按<Ctrl+T>键，再按住<Shift+Alt>键以图像中心为基准按指定的纵横比扩大图像，使之充满整张画面。如图5-30所示。

4）新建"图层2"，设置工具箱中的前景色黑色，背景色白色，执行"滤镜"→"渲染"→"云彩"命令得到如图5-31所示效果。

5）在图层面板中将"图层2"的混合模式设置为线性光，填充值设置为48%。圆形画笔图像受到云雾图像的影响变成不规则形态，按<Shift+Ctrl+E>键将所有图层合并为一个图层，效果如图5-32所示。

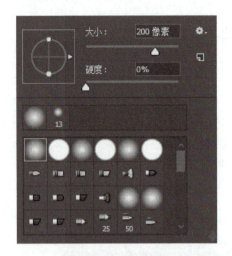

图5-29 绘制圆点

图5-30 扩大图像

图5-31 云彩滤镜效果

图5-32 绘制云雾的不规则形状

6）执行"滤镜"→"像素化"→"晶格化"（单元格大小为40）命令得到如图5-33所示效果。

7）执行"滤镜"→"杂色"→"中间值"（半径35）命令，制作按地形的高度排列等高线的阶梯形状，效果如图5-34所示。

8）按住<Ctrl+J>复制被选图层命名为"图层1"，在图层面板中将"图层1"层隐藏，选择背景层，执行"滤镜"→"渲染"→"光照效果"命令，按图5-35的设置，并将纹理通道设置为红色，表现立体效果如图5-36所示。

9）在图层面板中选择"图层1"，执行"滤镜"→"锐化"→"USM锐化"命令（数量：480，半径：10），使图像的边界部分明显后，更有立体感，效果如图5-37所示。

图5-33　晶格化滤镜

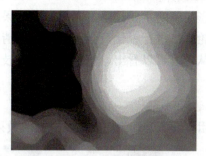
图5-34　中间值滤镜

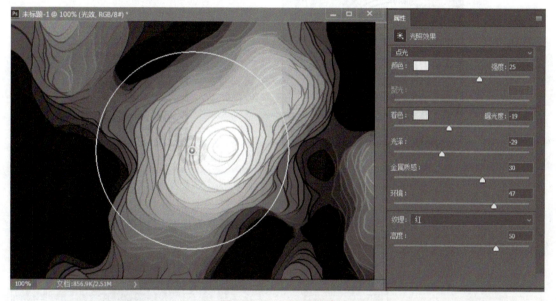
图5-35　光照效果滤镜

图5-36　光照效果滤镜的效果

图5-37　USM锐化滤镜

10）设置"图层1"的混合模式为正片叠底，填充值为75%。

11）选择"图层1"，单击图层面板正面的"创建新的填充或调整图层"按钮，选择"渐变映射"选项，设置自己喜欢的颜色。

12）使用文字工具输入文字并调整就得到如图5-28所示效果。

3. 知识点讲解

云彩滤镜的主要作用是形成云雾效果，对其晶格化处理后再运用中间值命令就初步得到洞的轮廓，进行锐化后会使轮廓更为清晰，再配合渐变映射的使用，效果马上就会显现出来。从本例可以看出，使用滤镜组合技巧，结合其他工具，可以创作出很多神奇的图片特效。

4. 课后练习

运用本课所学知识完成如图5-38的效果。

图5-38　课后练习效果图

扫码在线观看操作视频

解题思路

1）新建文件400×400像素，将前景色与背景色分别设为黑色、白色，新建"图层1"，然后用渐变填充方式填充效果如图5-39所示。

2）执行"滤镜"→"扭曲"→"波浪"命令，参数设置如图5-40所示。

图5-39　填充渐变色

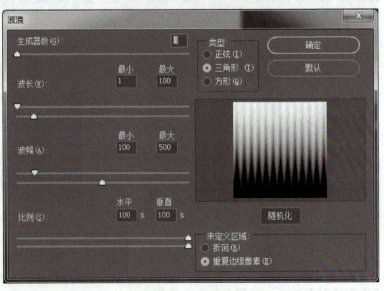

图5-40　波浪参数设置

3)执行"滤镜"→"扭曲"→"极坐标"命令,得到如图5-41所示效果。

4)执行"滤镜"→"滤镜库"→"素描"→"铬黄渐变"命令,得到如图5-42所示效果。

5)执行"滤镜"→"扭曲"→"旋转扭曲"命令,得到如图5-43所示效果。

图5-41　极坐标命令　　　　图5-42　铬黄渐变滤镜效果　　　　图5-43　旋转扭曲效果

6)新建"图层2",填充透明彩虹渐变并执行"旋转扭曲"命令,图层模式修改为"叠加"后得到如图5-38所示效果。

5.1.5　实例五　橙子

1. 本实例需掌握的知识点

1)云彩滤镜、喷溅滤镜、基底凸现等滤镜的综合运用。

2)加深对径向模糊、曲线等命令的理解。

3)光照效果,曲线的应用。

实例效果如图5-44所示。

图5-44　实例效果图

2. 操作步骤

1)打开"素材"\"第5章素材"文件夹中的"橙子.jpg"图片。

2)新建"图层1",将橙子主体粘贴到图层1中,背景填充为白色并新建图层2。效果如图5-45所示。

图5-45　调整图层后效果

3）选择椭圆选框工具，在"图层2"画椭圆选区并执行"选择"→"变换选区"命令调整椭圆选区，效果如图5-46所示。

4）设置前景色为橘红色，背景色为淡黄色，在"图层2"选区中填充背景色，执行"选择"→"变换选区"命令，宽和高分别设置为95%并填充前景色，效果如图5-47所示。

5）执行"滤镜"→"滤镜库"→"画笔描边"→"喷溅"命令，喷溅半径为12，平滑度为2，执行"滤镜"→"模糊"→"高斯模糊"命令，半径为2，取消选区后得到如图5-48所示效果。

图5-46　调整椭圆选区　　　　图5-47　填充前、背景色　　　　图5-48　使用喷溅、高斯模糊滤镜

6）新建"图层3"，恢复前背景色为默认，执行"滤镜"→"渲染"→"云彩"命令，再执行"滤镜"→"渲染"→"分层云彩"命令2次，得到如图5-49所示效果。

7）执行"滤镜"→"滤镜库"→"素描"→"基底凸现"命令，细节为12，平滑度为3，执行"滤镜"→"模糊"→"径向模糊"命令2次，模糊方法选缩放，数量为15，得到如图5-50所示效果。

图5-49　使用分层云彩滤镜后的效果　　　　图5-50　使用基底凸现滤镜和径向模糊滤镜

8）执行"滤镜"→"渲染"→"光照效果"命令，负片为17，聚焦为89，环境为24，效果如图5-51所示。

9）将前景色设置为橘红色，执行"图像"→"调整"→"渐变映射"命令，选择前景到背景色的渐变，效果如图5-52所示。

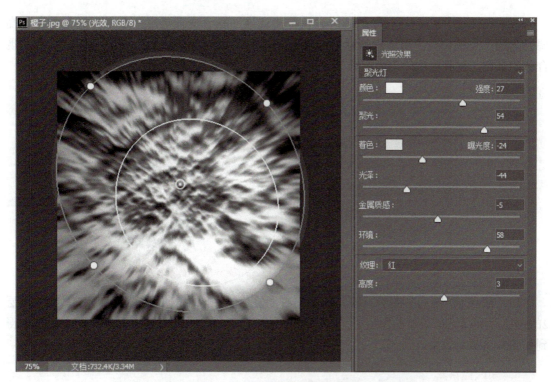

图5-51　执行光照效果后效果

图5-52　使用渐变映射命令

10）按<Ctrl+T>组合键，单击鼠标右键执行"扭曲"命令调整图层3效果如图5-53所示。

11）在图层3中载入图层2的选区，执行"选择"→"变换选区"命令将选区的宽和高调整为原大小的95%，反选后删除并取消选区，按<Ctrl+M>组合键，调整曲线使橙肉呈现合适的颜色，得到如图5-54所示效果。

图5-53　扭曲后效果　　　　　　　　　图5-54　删除多余选区后效果

12）按<Ctrl>键选中图层2和图层3并向右上位移遮住原橘皮位置，用吸管工具吸取图层2的颜色后用画笔在新建的图层4上为橙肉画上橙瓣，在新建的图层5上为橙子画上橙芯就得到如图5-44所示效果。

3. 知识点讲解

在本实例中，云彩滤镜、喷溅滤镜、基底凸现滤镜、模糊滤镜等滤镜的综合使用主要是为了形成橙子的果肉，它们如何互相配合使用制作出逼真的果肉效果是本实例制作的关键。另外，如何实现果肉、果瓤和果皮的分层视觉效果是使用选区的变换来实现的，操作过程中要注意它们的层次关系才能更好地实现本例的效果。从本例可以看出，滤镜的功能非常强大，只要运用得当，不断创新，可以制作出很多逼真的效果。

4. 课后练习

结合本课所学知识完成如图5-55所示的"多彩运动毛巾"。

图5-55　多彩运动毛巾效果图　　　　扫码在线观看操作视频

解题思路

1）新建文件800×600像素，背景色为白色，分辨率为72。新建"图层1"，选择"渐变工具"，在"渐变编辑器"对话框中将"渐变类型"设置为"杂色"，"粗糙度"设置为"90%",在"选项"一栏中勾选"限制颜色"一项,多单击几次"随机化"按钮,选出自己喜欢的色彩,按住<Shift>键从左至右进行填充,执行"滤镜"→"杂色"→"添加杂色"命令,在弹出的杂色对话框中将数量设置为30并勾选"高斯分布"和"单色",效果如图5-56所示。

2)新建"图层2",前背景色设置为默认,将"图层2"填充为白色,执行"滤镜"→"滤镜库"→"纹理"→"拼缀图"命令,在弹出的对话框中,将"方形大小"设置为"10","凸现"设置为"14",执行"滤镜"→"风格化"→"查找边缘"命令得到如图5-57所示效果。

图5-56 添加杂色后效果

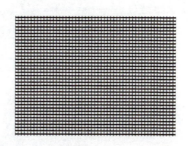
图5-57 拼缀图和查找边缘滤镜效果

3)执行"选择"→"色彩范围"命令,在弹出的对话框中选择白色,确定后并按<Del>键删除白色部分并取消选区。效果如图5-58所示。

4)执行"滤镜"→"风格化"→"风"命令,在弹出的对话框中,将"方法"设置为"风",将"方向"设置为"从右",将"图层2"顺时针旋转90°再次执行"风"滤镜然后把"图层2"逆时针90°旋转转回原来的位置,在图层面板上将"图层2"的"混合模式"设置为"柔光","填充"80%,得到如图5-59所示的效果。

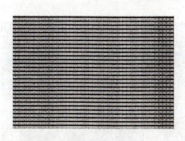
图5-58 应用色彩范围命令

图5-59 应用风滤镜并改变混合模式

5)合并除背景图层外所有可见图层,执行"滤镜"→"滤镜库"→"画笔描边"→"喷溅"命令,"喷色半径"为4,平滑度为4,变换后得到如图5-60所示效果。

6)利用涂抹工具和液化工具,调整后得到如图5-61所示效果。

图5-60 变形后效果

图5-61 涂抹和使用液化工具

5.1.6 实例六 碧玉龙

1. 本实例需掌握的知识点

1）云彩滤镜、镜头光晕等滤镜的综合运用。

2）加深对图层样式使用的理解。

3）熟练图层混合模式及蒙版的使用。

实例效果如图5-62所示。

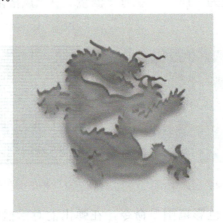

图5-62 实例效果图

2. 操作步骤

1）新建文件600×600像素，分辨率为300，颜色模式为RGB，背景为黄色。

2）打开"素材"\"第5章素材"文件夹中的"龙.psd"图片，将龙形选区移动到"图层1"上并填充绿色，如图5-63所示效果。

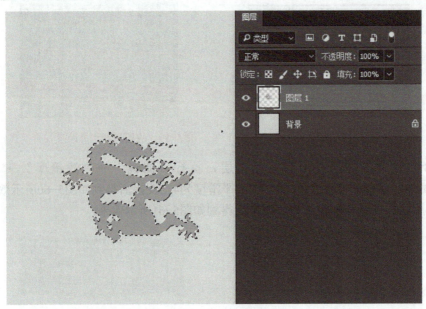

图5-63 移动选区并填充

182

第5章　Adobe Photoshop CC 2017滤镜

3）取消选区并双击"图层1"弹出"图层样式"窗口，按图5-64～图5-69所示设置，调整混合选项后得到如图5-70所示效果。

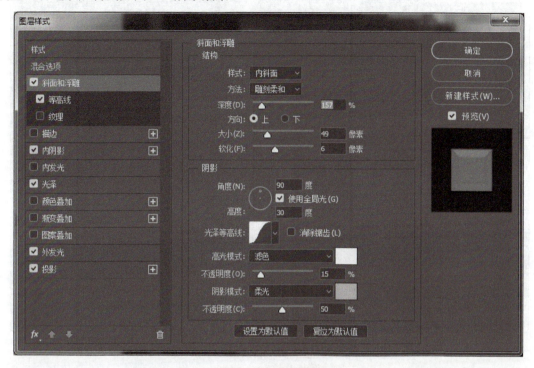

图5-64　斜面和浮雕

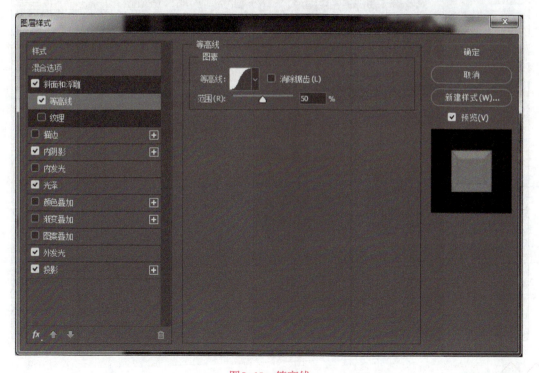

图5-65　等高线

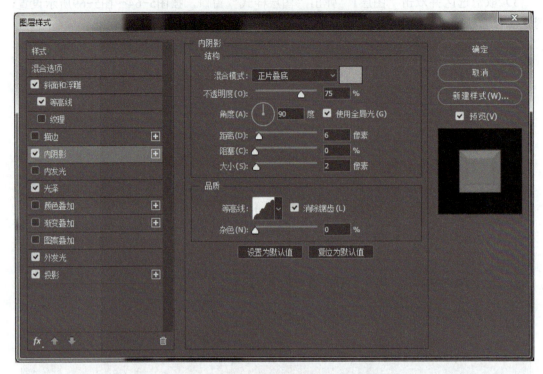

图5-66 内阴影

图5-67 光泽

图5-68 外发光

图5-69 投影

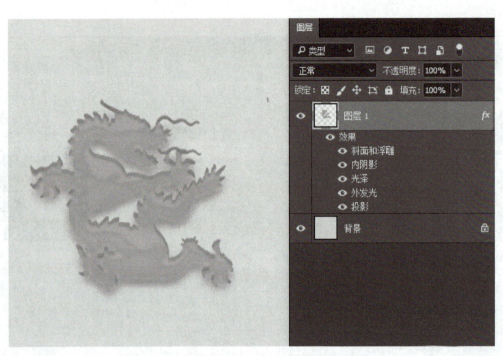

图5-70 调整图层样式后效果

4）新建"图层2"，设置前背景色为默认，执行"滤镜"→"渲染"→"云彩"命令，执行"滤镜"→"模糊"→"高斯模糊"命令，设置半径为1.5像素，执行"滤镜"→"杂色"→"添加杂色"命令，设置数量为"1"，勾选"高斯分布"和"单色"，效果如图5-71所示。

图5-71 应用云彩滤镜、杂色及高斯模糊滤镜后效果

第5章　Adobe Photoshop CC 2017滤镜

5）在"图层2"上单击鼠标右键选择"创建剪贴蒙版"选项，模式设为"正片叠底"，透明度设为85%，这样一个逼真的有玉石质感的龙就完成了，如图5-72所示。

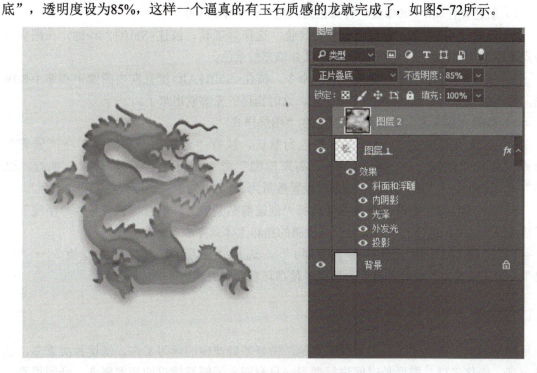

图5-72　应用蒙版后效果

6）选择"图层1"，执行"滤镜"→"渲染"→"镜头光晕"命令，调整合适光晕使玉龙看起来更通透即完成本实例制作。

3. 知识点讲解

云彩滤镜的主要作用是形成云雾效果，碧玉龙的絮状效果主要由它来实现，高斯模糊滤镜、杂色命令的组合应用构成碧玉龙的主体材质，图层样式的设置是本例的难点，碧玉龙的通透感、光影感及立体感可以通过镜头光晕滤镜实现理想的效果，希望大家多多练习，熟练掌握其应用。

4. 课后练习

运用本课所学知识完成如图5-73所示的"玉指环"。

图5-73　玉指环效果图　　　　　　　　　　　扫码在线观看操作视频

187

解题思路

1）新建文件600×600像素，背景色为白色，分辨率为300。

2）新建"图层1"，设置前景色为红色，选择 ◯ 工具，按住<Shift+Alt>键，在图像中心点单击鼠标并向外拖动出一个正圆选区并填充前景色。

3）执行"选择"→"变换选区"命令，按住<Shift+Alt>键且向内图像中心缩小控制框，然后按<Del>键将选区内的图像删除，这时指环的轮廓就出来了。

4）参照"碧玉龙"实例设置图层1的"图层样式"。

5）新建"图层2"，设置前背景色为默认，执行"滤镜"→"渲染"→"云彩"命令，执行"滤镜"→"模糊"→"高斯模糊"命令，设置半径为1像素，执行"滤镜"→"杂色"→"添加杂色"命令，设置数量为"1"，勾选"高斯分布"和"单色"。

6）在"图层2"上单击鼠标右键选择"创建剪贴蒙版"，混合模式设置为"明度"，透明度设为90%，这样一个逼真的红玉质感的指环主体就完成了。

7）"图层2"向下合并为"图层1"，选择"图层1"，执行"滤镜"→"渲染"→"镜头光晕"命令，调整合适光晕使指环看起来更通透即完成制作。

5.1.7 小结

学习滤镜一定要摆正心态，脚踏实地，做好基础滤镜的学习工作。滤镜种类繁多，功能丰富，变化多样，需要长时间进行学习。只有深入了解滤镜里的基本概念，开阔思路，才能举一反三。应该戒除急躁心理，制定一个合理的学习计划并且坚持下去，在量上进行提升，进而才会有质的收获。

5.2 外挂滤镜

5.2.1 实例七 梦幻都市

1. 本实例需掌握的知识点

1）什么是外挂滤镜。
2）外挂滤镜的安装。
3）外挂滤镜如何应用。
实例效果如图5-74所示。

2. 操作步骤

1）打开"素材"\"第5章"文件夹中的"都市.jpg"图片。

2）执行"滤镜"→"prodigital software"→"StarSpikesPro2"命令。

3）执行"滤镜"→"七度汉化"→"线之绘2"命令，参数调整如图5-75和图5-76所示。

图5-74 实例效果图

第5章　Adobe Photoshop CC 2017滤镜

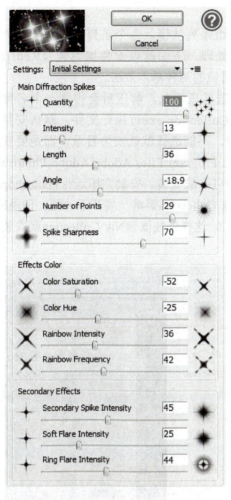

图5-75　StarSpikesPro 滤镜参数

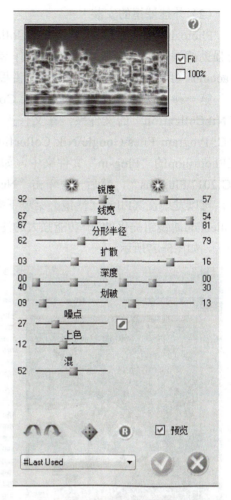

图5-76　线之绘滤镜参数

3．知识点讲解

（1）外挂滤镜

Photoshop的滤镜可以分为3种类型：内阙滤镜、内置滤镜（自带滤镜）、外挂滤镜（第三方滤镜）。内阙滤镜是指内阙于Photoshop 程序内部的滤镜，这些是不能删除的，即使将 Photoshop目录下的plug-ins目录删除，这些滤镜依然存在。内置滤镜是指在安装Photoshop时，默认安装到plug-ins目录下的那些滤镜。外挂滤镜是指除上述两类以外，由第三方厂商为Photoshop开发的滤镜，不但数量庞大，种类繁多、功能不一，而且版本和种类不断升级和更新。外挂滤镜是扩展寄主应用软件的补充性程序，寄主程序根据需要把外挂程序调入和调出内存。由于不是在基本应用软件中写入的固定代码，因此，外挂滤镜具有很大的灵活性，最重要的是，可以根据个人意愿来更新外挂，而不必更新整个应用程序，著名的外挂滤镜有KPT、Nik Collection（尼康专业图象处理套装软件）、Redfield Fractalius（线之绘）、PhotoTools、Eye Candy、Knoll Light Factory（灯光工厂）、Xenogeny、UleadEffects等。

(2) 外挂滤镜的安装

Photoshop的著名外挂滤镜Nik Collection是一组系列滤镜。每个系列都包含若干个功能强劲的滤镜，适合于电子艺术创作和图像特效处理。下面就以安装该滤镜及Redfield Fractalius（线之绘）外挂滤镜为例，讲授安装外挂滤镜的两种基本方法。

第一种方法：下载外挂滤镜Nik Collection，若是压缩包，解压后会得到一个名称为"NikCollection"的文件夹，在文件夹中双击NikCollection.exe可执行文件，默认安装在"C:\Program Files\Google\Nik Collection"目录中，不能选择默认安装目录，而是要安装在Photoshop的"Plug-in"文件夹中，如选择为"C:\Program Files\Adobe\Adobe Photoshop CC 2017\Plug-ins"，然后一直单击"Next"按钮即可完成安装。安装完毕运行Photoshop软件，可以发现在其Filter（滤镜）菜单下多了一个Nik Collection菜单，展开下一级，便是Nik Collection滤镜组提供的7个功能强大的滤镜命令项了。这样外挂滤镜Nik Collection就安装成功了，如图5-77所示。

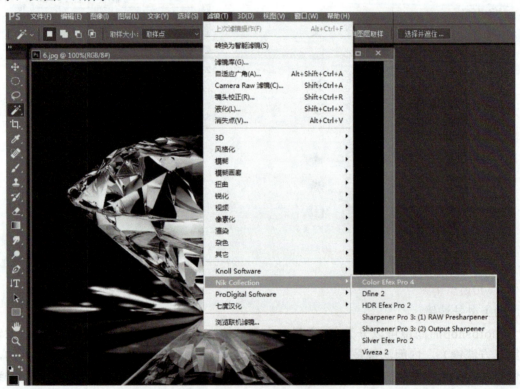

图5-77 安装外挂滤镜后的滤镜菜单

第二种方法：下载外挂滤镜Redfield Fractalius（线之绘），将压缩包解压后会得到一个名称为"Redfield Fractalius"的文件夹，在文件夹中复制名为"Redfield Fractalius 64.8bf"的文件到Photoshop的"Plug-in"文件夹中即完成该滤镜的安装，运行Photoshop软件就可以在Filter（滤镜）菜单下应用该滤镜。

(3) 外挂滤镜的使用

外挂滤镜的使用与Photoshop本身的滤镜使用差异不大，若要使用只需执行相应的命令并调整合适的参数即可。由于很多外挂滤镜是英文版的，使用起来可能不便，可以借助翻译软件进行翻译后使用。

4．课后练习

运用Redfield Fractalius（线之绘）外挂滤镜创作如图5-78所示效果。

图5-78　课后练习效果图　　　　　　　　　　扫码在线观看操作视频

解题思路

1）打开"素材"\"第5章"文件夹中的"车流.jpg"图片。

2）选择工具箱中的 套索工具将车道中的车流区域选出来，按<Ctrl+J>键复制选区为新的图层1，得到如图5-79所示效果。

图5-79　使用套索工具后效果

3）执行"滤镜"→"模糊"→"动感模糊"命令，角度83，距离18。

4）执行"滤镜"→"七度汉化"→"线之绘2"命令，参数按需设置。

5）更改图层1混合模式为"浅色"并向下合并图层。

6）再次执行"滤镜"→"七度汉化"→"线之绘2"命令即完成制作。

5.2.2 实例八　怀旧人像

1．本实例需掌握的知识点

1）了解Nik Collection外挂滤镜。

2）掌握Nik Collection外挂滤镜的简单运用技巧。

实例效果如图5-80所示。

图5-80　实例效果图

2．操作步骤

1）打开"素材"\"第5章"文件夹中的"人像"图片。

2）执行"滤镜"→"Nik Collection"→"Color Efex Pro 4"→"婚礼"→"纯白中性化"命令。

3）执行"滤镜"→"Nik Collection"→"Color Efex Pro 4"→"肖像"→"胶片效果：怀旧"命令。

4）执行"滤镜"→"Nik Collection"→"Color Efex Pro 4"→"肖像"→"黑角滤镜"命令完成制作。

3．知识点讲解

Color Efex Pro 4是一款功能强大的图像调色滤镜，运用了多项专利技术，从细微的图像修正到颠覆性的视觉效果：它允许用户为照片加上原来所没有的东西，比如可以把白天拍摄的照片变成夜晚背景；可以十分真实地模拟红外摄影的效果；可以让原本灰暗的画面获得阳光明媚的效果；它还允许用户像处理传统胶片一样去处理数码照片中的光学感应效果。Color Efex Pro 4滤镜能够用于CMYK、RGB、CIE Lab和灰度等多种色彩模式下，总共多达75个子滤镜的综合运用可以达到美化图像并提升图像色彩品质的目的。

4．课后练习

打开"素材"\"第5章"文件夹中"夜景"图片，运用Color Efex Pro 4滤镜组完成如图5-81所示的效果。

第5章　Adobe Photoshop CC 2017滤镜

图5-81　课后练习效果图

解题思路

1）打开"素材"\"第5章"文件夹中的"夜景"图片。

2）执行"滤镜"→"Nik Collection"→"Color Efex Pro 4"→"建筑"→"天光镜"。

3）执行"滤镜"→"Nik Collection"→"Color Efex Pro 4"→"建筑"→"详细提取"。

4）执行"滤镜"→"Nik Collection"→"Color Efex Pro 4"→"建筑"→"色调对比"。

5）执行"滤镜"→"Nik Collection"→"Color Efex Pro 4"→"景观"→"交叉冲印"。

5.2.3　小结

滤镜的配合和熟练使用是创作各种神奇效果的前提，只有具备了扎实的滤镜使用基础，配合娴熟的应用手法，才能在创作过程中得心应手，衷心的希望大家能学好滤镜，用好滤镜，让它在你的创作生活中添上浓妆重彩的一笔。

本 章 总 结

本章主要学习了滤镜这部分内容，滤镜知识是本章的重点内容。滤镜的种类繁多，功能丰富，不但包含内置滤镜，还有外挂滤镜，合理运用这些滤镜可以让我们在选择工具的时候更加游刃有余，创作起来更加得心应手。要想熟练掌握这些滤镜的使用，就需要对滤镜的分类和特性有足够的了解，这需要通过实战来勤加练习，只要持之以恒地练习，坚信大家一定会更好地理解滤镜，掌握滤镜，应用滤镜。

第6章 Adobe Photoshop CC 2017中3D的使用

> **学习目标**
>
> 1）掌握3D物体表面材质的绘制方法。
> 2）掌握多种纹理映射类型的使用方法。
> 3）掌握多种3D模型的创建方法。
> 4）掌握合并3D图层的方法。
> 5）掌握创建3D凸纹及拆分凸纹网格的方法。
> 6）掌握3D光源设置及3D文件的渲染方法。

6.1 绘制物体表面材质纹理

6.1.1 实例一 茶壶表面绘制

1. 本实例需掌握的知识点

1）使用3D轴调整物体。
2）用画笔工具绘制材质。
3）编辑多种材质。

实例效果如图6-1所示。

扫码在线观看操作视频

图6-1 实例效果图

2. 操作步骤

1）打开"素材"\"第6章"文件夹中的素材"6.1.1茶壶.3ds"文件，文件各参数使用默认值。

2）选择工具箱中的 工具，在上方的3D模式中选择 环绕移动相机，调整茶壶在视图中的角度，如图6-2所示。

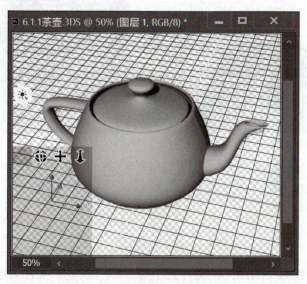

图6-2 调整茶壶角度

3）执行"窗口"→"3D"命令，打开3D面板，选择场景。

4）选择画笔工具，设置前景色RGB的颜色值为：102，30，30。选择大笔刷在茶壶表面绘制，绘制后的茶壶效果及图层面板如图6-3所示。此时在图层面板中，3D图层下方的纹理中本身具备一个"漫射"纹理。

图6-3 绘制"漫射"纹理后的茶壶效果及图层面板

5）双击3D面板中的"场景"，单击3D绘画按钮。在"绘制于"下拉列表中选择"凹凸"，用画笔工具在茶壶文件上单击，如图6-4所示，弹出"缺少纹理"对话框，单击"确定"按钮，弹出新建"凹凸"纹理文件的对话框。

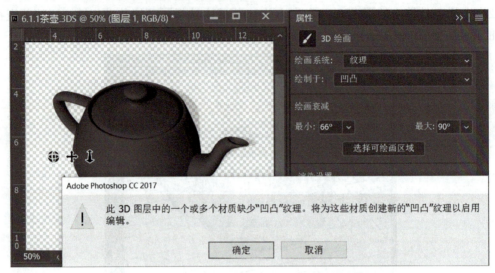

图6-4　缺少凹凸纹理对话框

6）设置文件名称为"凹凸"，文件大小与"6.1.1茶壶"文件大小相同。选择图层面板，如图6-5所示，此时图层面板的纹理中出现"凹凸"纹理。

图6-5　在图层面板中出现上凹凸纹理

7）在"凹凸"纹理上双击，打开"凹凸"纹理文件，此时的"凹凸"纹理文件中只有一个白色的背景层。

8）执行"文件"→"置入嵌的智能对象"命令，将素材文件夹中的"二方连续.jpg"文件置入到当前文件中，置入图像后的"凹凸"文件及图层面板如图6-6所示。

9）将图像调大，回到"茶壶"文件，此时在茶壶上已经出现"二方连续"图案的凹凸效果，只是效果并不十分清晰。

第6章 Adobe Photoshop CC 2017中3D的使用

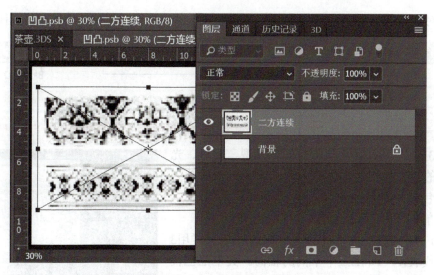

图6-6 置入图像后的"凹凸"文件及图层面板

10)选择3D面板,单击显示所有材质按钮,在其下方的材质条上双击,打开材质属性面板。设置材质参数的"反射"值为9%,"凹凸"值为22%。此时茶壶上的凹凸纹理效果更加逼真,同时茶壶出现光泽。茶壶效果及3D材质设置如图6-7所示。

图6-7 设置凹凸材质

11)同样,可以继续调整茶壶的"折射"及"反射"参数,最后得到图6-1所示的茶壶效果。

12)保存文件为"茶壶.pds"。

3. 知识点详解

(1) **3D工具** 如图6-8所示,3D工具主要包括对象对齐工具和3D相机工具。对象对齐工具可以对多个3D对象进行对齐的调整。3D相机工具可根据需要移动调整相机视图。

图6-8　3D工具

A—对齐工具　B—环绕移动3D相机　C—滚动3D相机　D—平移3D相机　F—滑动3D相机　G—缩放3D相机

（2）3D轴　3D轴显示3D空间中模型、相机、光源和网格的当前X、Y和Z轴的方向，这里的3D轴分为两部分，包括控制对象的3D轴和控制相机的3D轴。3D轴的功能如图6-9所示。

与3ds Max软件相同，Photoshop中的3D轴同样用3种颜色来代表X、Y和Z三个不同的轴向。其中红色代表X轴，绿色代表Y轴，蓝色代表Z轴。每个轴向上都有锥尖、弯曲线和方体，可沿不同的轴向分别对项目进行移动、旋转和缩放的调整。要调整个对象的大小可选中3D轴的中心立方体向上或向下拖动。如果想调整3D相机的视角，需要在左下角3D轴上的3个按钮上单击，对视图进行调整。

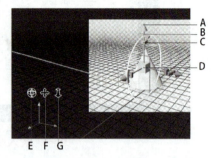

图6-9　3D轴

A—沿轴移动对象　B—沿轴旋转对象
C—沿轴压缩或拉长对象　D—沿轴调整对象大小
E—环绕移动3D相机　F—平移3D相机
G—移动3D相机

（3）3D面板　选择空白图层，进入3D面板，如图6-10所示。面板中提供了几种创建3D模型的方式。这里在"源"中选择"选中的图层"，在"从预设创建网格"中选择"锥形"单击"创建"按钮，在场景中出现锥体模型。

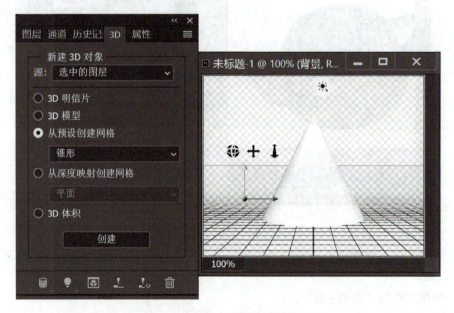

图6-10　3D面板及创建模型

此时的3D面板会显示关联的3D文件的组件。如图6-11所示，在3D面板中列出环境、场景、当前视图、网格模型和光源等选项。单击某一选项,属性面板中即会显示其相应的属性。

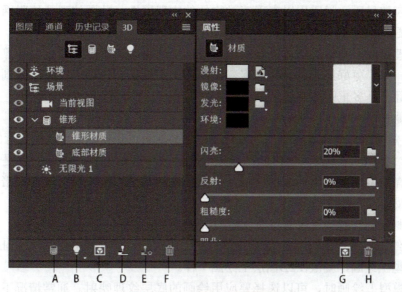

图6-11 3D面板及材质属性

在3D面板和属性面板的底部有A．将新对象添加到场景 B．将新灯光添加到场景 C．渲染 D．开始打印 E．取消打印 F．删除 G．渲染 H．删除

（4）3D场景属性 场景中的各对象都有其各自的属性,所选对象不同,属性面板中的显示也不相同。这里使用3D场景可以对场景中的物体和投影进行绘制,前提是需要选择工具箱中的画笔工具,在场景属性中才会显示出3D绘画按钮,如图6-12所示。

在绘画系统中选择"纹理"或"投影"在绘制于中选择一种除"漫射"以外的绘制形式,这里以"凹凸"纹理为例。在场景中单击,出现要求创建纹理文件的对话框,确定后出现"新建"对话框,需要注意的是,这里的文件大小要与场景文件一致。再次确定后,回到图层面板,可以看到"凹凸"材质选项已经出现在图层中,如图6-13所示。双击凹凸材质,可以打开凹凸材质文件进行编辑。

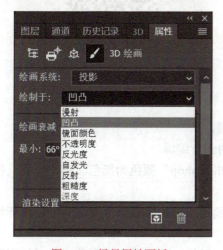

图6-12 场景属性面板

图6-13 图层中的材质选项

（5）3D模型与材质　　场景中的模型以具体名称出现在"当前视图"选项下方，每一模型都会有相应的材质。材质用以表现三维物体的物理属性，贴图纹理是依附网格来表现物体质感的重要依据。

贴图纹理是依据网格对物体进行空间、透视上的材质和质感的表现，计算机中模拟的材质有很多，为了更好地表达这些因素，贴图也就不仅仅有一种，大家所看到的丰富而漂亮的模型实际上是多重贴图混合后的效果，它们各自之间扮演着不同的角色。在6.1.1实例中用到了"漫射""凹凸"等材质。

"漫射"材质用以表现物体表面的颜色。漫射映射可以是实色也可以是任意的2D图像。

"凹凸"材质在物体表面创建凹凸效果，无须改变底层网格。凹凸映射是一种灰度图像，其中较亮的值创建突出的表面区域，灰度的值创建平坦的表面区域，较暗的值创建凹陷的表面区域。

有关3D材质的一些其他设置将在以后的实例中逐步了解。

（6）3D绘画和纹理编辑　　在编辑物体材质的过程中，可以使用任何Photoshop绘画工具直接在3D模型上绘画，就像在2D图层上绘画一样。

直接在模型上绘画时，可以选择要应用绘画的底层纹理映射。通常情况下，绘画应用于漫射纹理映射，以便为模型材质添加颜色属性。也可以在其他纹理映射上绘画，例如，凹凸映射或不透明度映射。如果模型缺少绘制的纹理映射类型，则会自动创建纹理映射。在实例6.1.1中，绘制纹理时自动添加了"凹凸"纹理。

4．课后练习

打开"素材"\"第6章"文件夹中的"6.1.1练习.3ds"文件，编辑物体表面材质，效果如图6-14所示效果。

图6-14　课后练习效果图　　　　　扫码在线观看操作视频

解题思路

1）用画笔工具在物体表面绘制"漫射"纹理。

2）创建"凹凸"纹理，进入"凹凸"纹理文件进行编辑。

3）在"凹凸"纹理文件中输入竖排文字"Photoshop"颜色为黑色。调整位置，使其位于圆环物体中中间位置。

4）继续在文字周围用形状工具绘制花纹及线条，调整线条的位置与文字和圆环物体相协调。

5）进入材质面板，设置"凹凸""反射""折射""闪亮"等参数，最后得到图6-14

第6章 Adobe Photoshop CC 2017中3D的使用

所示效果。

6.1.2 实例二 茶几

1．本实例所需掌握的知识点

1）在模型的不同区域中使用不同材质。
2）了解材质面板。
3）运用材质选取器编辑材质。

实例效果如图6-15所示。

扫码在线观看操作视频

图6-15 实例效果

2．操作步骤

1）打开"素材"\"第6章"文件夹中的素材"6.1.2茶几.obj"文件，将文件另存为6.1.2茶几.pds。

2）调整相机及模型位置。打开3D面板，如图6-16所示，选择桌子模型下的材质，在属性面板中出现材质编辑参数。

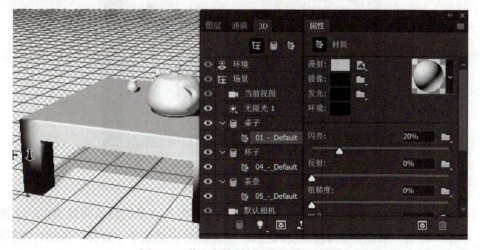

图6-16 茶几文件、3D面板及材质属性

201

3）单击属性面板"漫射"后面的编辑纹理按钮，在快捷菜单中选择"替换纹理"，在弹出的"打开"对话框中选择"高清木纹.jpg"文件。此时茶几文件效果及材质属性面板如图6-17所示。

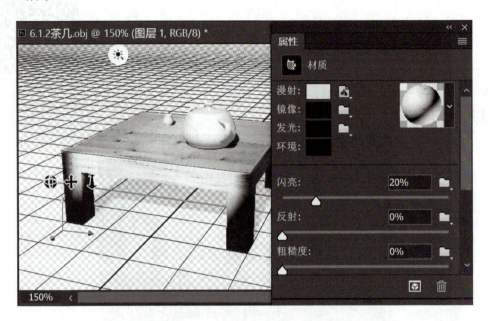

图6-17　为茶几添加木纹效果

4）用同样方法分别为茶壶添加"清花瓷03.jpg"纹理，为杯子添加"清花瓷01.jpg"纹理效果。结果如图6-18所示。

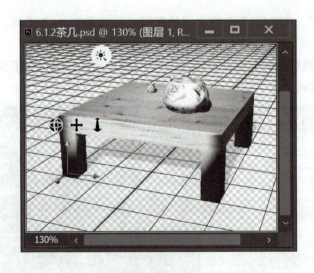

图6-18　添加纹理后的场景效果

5）选择材质组件，进一步编辑模型的纹理效果。进入桌子的材质属性面板，如图6-19所示，单击"漫射"后面的编辑纹理按钮，在弹出的快捷菜单中选择"编辑UV属性"，在"纹理属性"对话框中设置图像的平铺值V/Y为3，如图6-20所示。

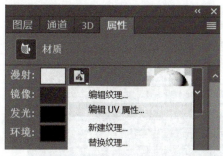
图6-19　编辑UV属性

图6-20　设置平铺值

6）此时桌子的木纹效果如图6-21所示。

图6-21　桌子的木纹效果

7）分别设置茶壶和茶杯的材质为"闪亮"参数为50%，"反射"参数为40%，"折射"参数为1.5，最后得到如图6-15所示的效果。

8）保存文件。

3．知识点详解

Photoshop中3D材质的编辑大多是通过贴图纹理来实现，而每个贴图其本身又包含多种映射类型，下面进一步了解3D材质的编辑方法。

1）网格与材质　一个模型往往是由多个网格构建，在模型的不同网格区域中使用了不同的材质，如图6-22所示。一个立方体模型由前、后、左、右、顶部和底部6个网格组成，每个网格都跟随着一个材质。进入不同网格的材质属性，就可分别为立方体的各部位指定不同的材质。

2）材质拾色器　使用材质拾色器可方便快速地为模型编辑材质。单击材质拾色器旁的小三角，弹出预设材质面板。Photoshop CC 2017为用户提供了多种流行材质，只要单击选中的预设材质图标即可将材质应用于模型。

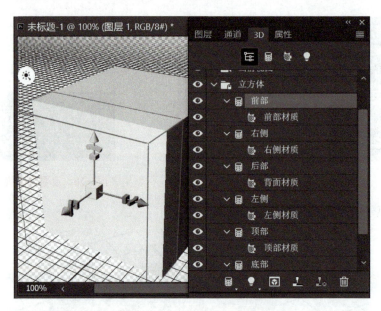

图6-22　立方体的网格与材质

如图6-23所示，在3D面板中，双击立方体"前部材质"选项进入材质属性，单击"材质拾色器"从中选择一种材质，即可将材质赋予网格。

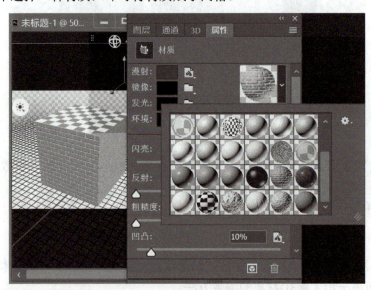

图6-23　为立方体的6个部位指定不同的材质

材质属性中包含多种映射类型，主要包换：漫射、镜像、发光、环境、闪亮、反射、粗糙度、凹凸、不透明度、折射、法线。这些映射可以通过调整其自身的颜色、设置参数值或是为其添加一个2D贴图来表现。单击纹理映射菜单图标可新建一种纹理进行编辑或是直接添加一个2D贴图，编辑纹理后图标显示为图像图标。编辑后的纹理可以对其进行打开、移去及编辑属性等操作。

贴图在文档中的位置直接影响物体表面，如果想让贴图完全包裹物体，贴图的尺寸就

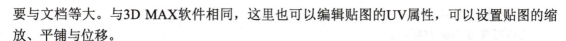

要与文档等大。与3D MAX软件相同，这里也可以编辑贴图的UV属性，可以设置贴图的缩放、平铺与位移。

4．课后练习

打开"素材"\"第6章"文件夹中的"6.1.2练习.obj"文件，根据本节所学内容为沙发编辑多种贴图纹理。效果如图6-24所示。

图6-24 课后练习效果图　　　　　　　　　　扫码在线观看操作视频

解题思路

1）在3D材质面板中选中"皮革"材质，在材质拾色器中单击"皮革（褐色）"材质，为沙发靠背添加材质。

2）在图层面板中，双击"漫射"纹理下的皮革材质，打开皮革材质文件，编辑皮革材质的颜色。

3）运用同样方法为沙发底座添加织物材质，编辑织物颜色。

4）在材质面板中选择"腿"材质，在纹理映射类型中设置纹理参数，使其产生白钢效果。其中反射值90，闪亮95%，折射1.9。

6.1.3　小结

本段课程主要学习为三维模型编辑材质。运用3D对象工具、3D相机工具和3D轴调整三维物体是编辑三维物体所必须掌握的基础知识，运用3D面板编辑材质，掌握运用多种贴图纹理编辑出漂亮而丰富的材质是本段课程的重要内容。材质用以表现三维物体的物理属性，贴图是依附网格来表现物体质感的重要依据，是对物体进行空间、透视上的材质和质感的表现。

6.2　创建3D模型

6.2.1　实例一　汽水

1．本实例所需掌握的知识点

1）从图层创建3D模型。

2）在一个文档中创建多个3D模型。

扫码在线观看操作视频

3）合并3D图层。

实例效果如图6-25所示。

图6-25 实例效果图

2．操作步骤

1）新建文件600×600像素，保存。

2）进入3D面板，从"源"中选择"选中的图层"，从"从预设创建网格"中选择"汽水"，单击"创建"直接从背景层创建三维模型，如图6-26所示。

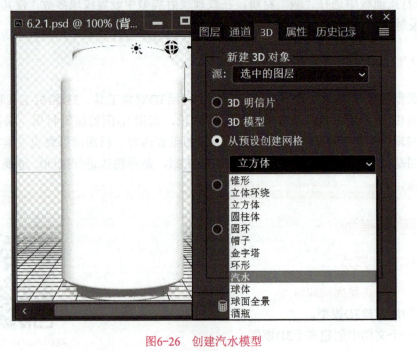

图6-26 创建汽水模型

3）将背景层改名为"汽水"，新建"图层1"改图层名为"立方体"。

4）参照步骤2的方法，在图层中创建立方体，将该图层置于"汽水"图层下方。

5）选择"立方体"图层，进入3D面板，选择"立方体"网格，在场景中沿Y轴压缩立方体，效果如图6-27所示。

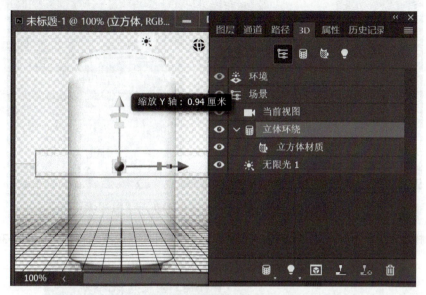

图6-27　沿Y轴压缩立方体

6）进入"属性"面板，单击坐标，执行"移动到地面"命令，将立方体移动到场景底部。

7）进入"图层"面板，将两个图层全部选中，执行"3D"→"合并3D图层"命令，将两个3D图层合并为一个。合并后的场景及图层面板如图6-28所示。

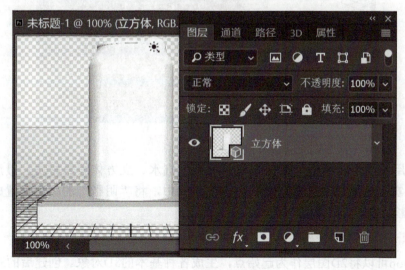

图6-28　合并3D图层

8）进入3D面板，选择"当前视图"选择环绕相机，调整视图如图6-29所示。

图 6-29　调整场景视图

9）选择"汽水"网格，使用3D轴，沿X、Y、Z轴同时缩放汽水模型，如图6-30所示。

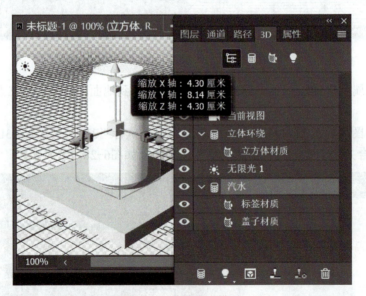

图6-30　缩放汽水模型

10）运用前面所学编辑材质的方法，分别为汽水、立方体编辑材质，最后得到如图6-25所示的实例效果。（注意：在"环境"属性中，将"阴影"的颜色设置成树叶的颜色，这样阴影的效果会更合理。）

3．知识点详解

Photoshop可以将2D图层作为起始点，生成各种基本的3D对象。创建后的3D对象可在3D空间移动，模型本身具有基础的材质可供编辑。在Photoshop CC 2017中，使用2D对象创建3D模型有4个来源：选中的图层、工作路径、当前选区、文件。

第6章　Adobe Photoshop CC 2017中3D的使用

在确定"源"之后，创建3D模型有以下几种形式。

1）从预设创建网格　　选择要创建物体的2D图层，进入3D面板，在"从预设创建网格"中选择一种对象。这些对象包括圆环、球面或帽子等单一网格对象，以及锥形、立方体、圆柱体、汽水或酒瓶等多网格对象。这里只需要一个空图层即可创建三维物体。

创建对象后，原2D图层变为3D图层，可在3D面板中对模型进行材质编辑。单一的网格对象编辑贴图时比较方便，而多网格对象在编辑贴图时要找准网格。如实例中用到的立方体，具有6个网格，在编辑材质时，要区分各网格所对应的不同部位。

每一个3D图层只能够创建一个对象，想创建新的对象必须要新建图层。如果想在一个3D图层中拥有多个三维模型，可对3D图层进行合并操作。

2）创建3D明信片　　可以将3D明信片添加到现有的3D场景中，从而创建显示阴影和反射（来自场景中其他对象）的表面。为明信片贴图，双面都可以显示贴图效果。

3）3D模型　　根据所选取的对象类型，最终得到的3D模型可以包含一个或多个网格。

4）从深度映射创建网格　　包括平面、双面平面、纯色凸出、双面纯色凸出、圆柱体与球体等。与"从预设创建网格"不同的是，这里要求图层中必须要有像素。

5）3D体积　　要想创建3D体积，必须要选中两个或以上的图层，且图层中必须要有像素。

每个被创建的3D模型都有各自独立的环境、场景和相机等属性，可以将多个3D图层合并到一个图层中，这样在同一图层中的3D模型使用相同的环境、场景和相机。

4. 课后练习

用"素材"\"第6章"文件夹中的"葡萄酒标签.jpg""蔬菜风景画.jpg"和"背景01.jpg"图片，运用本课所学知识，完成如图6-31所示的实例效果。

图6-31　课后练习效果图　　　　　　　　扫码在线观看操作视频

解题思路

1）新建文件700×700像素。
2）从图层新建酒瓶形状，分别为木塞材质和标签材质赋予贴图。
3）选择玻璃材质，将素材中的"背景01"赋予凹凸材质，设置玻璃材质的其他类型参数。
4）新建图层，新建"明信片"。将"背景01"赋予漫射纹理。

6.2.2 实例二 星球

1. 本实例所需掌握的知识点

从深度映射创建网格，实例效果如图6-32所示。

图6-32 实例效果

扫码在线观看操作视频

2. 操作步骤

1）新建文件800×600像素，保存。

2）设置前景与背景色为默认的黑白色。

3）执行"滤镜"→"渲染"→"分层云彩"命令。

4）执行"滤镜"→"模糊"→"高斯模糊"命令，半径值为9，使画面柔和。

5）进入3D面板，执行"从深度映射创建网格"→"平面"→"创建"命令，得到如图6-33所示效果。

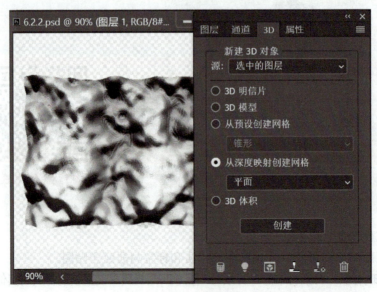

图6-33 新建平面

6)选择环绕相机按钮,调整视角,用3D轴缩放和调整平面模型的位置,如图6-34所示。

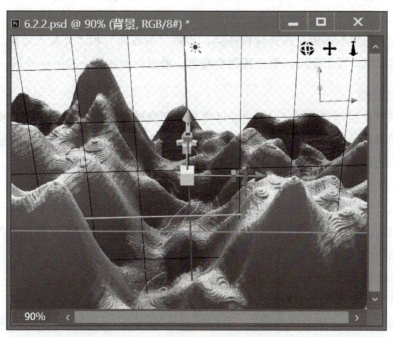

图6-34　调整场景视角与平面模型

7)新建图层,进入3D面板,执行"从预设创建网格"→"球体"→"创建"命令,在文档中创建球体。

8)分别调整平面物体与球体的位置,效果如图6-35所示。

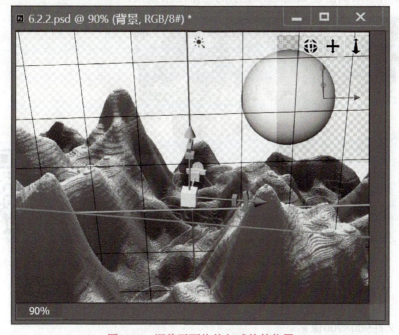

图6-35　调整平面物体与球体的位置

9)选择球体,将素材中的"地球"图片赋予"漫射"纹理。

10)选择平面物体,进入材质属性面板,在"材质拾取器"中将"软木"材质赋予平面物体。

11)进入"图层"面板,选择球体图层,设置"内发光"和"外发光效果"。

12)新建图层,置于底层,填充蓝黑渐变色。最后得到如图6-32所示效果,保存文件。

3.知识点详解

(1)从深度映射创建网格　3D功能可将灰度图像转换为深度映射,从而将明度值转换为深度不一的表面。较亮的值生成表面上凸起的区域,较暗的值生成凹陷的区域。然后,Photoshop将深度映射应用于几个可能的几何形状中的一个,以创建3D模型。

平面　将深度映射数据应用于平面表面。

双面平面　创建两个沿中心轴对称的平面,并将深度映射数据应用于两个平面。

纯色凸出　将文字、选区、闭合路径、形状以及图像等二维对象扩展到三维空间中。

双面纯色凸出　将二维对象向两个方向扩展,形成三维物体。

圆柱体　从垂直轴中心向外应用深度映射数据。

球体　从中心点向外呈放射状地应用深度映射数据。

(2)栅格化3D　三维物体创建后,有时需要将其转化为二维对象,以方便对其添加一些诸如"样式、蒙版或调整图层"等方面的编辑。方法是:在图层面板中,右击3D物体图层→栅格化3D,使其成为二维对象。栅格化后,对象仍然保留原三维物体的贴图、阴影等元素。

4.课后练习

运用本课所学知识创建如图6-36所示的三维场景效果。

图6-36　课后练习效果图　　　　　　　　扫码在线观看操作视频

解题思路

1)新建文件900×700像素。

2）设置前景色为浅灰色，使用"分层云彩"滤镜，得到浅灰度图像。

3）创建3D平面，调整平面位置于场景中的底部，作为场景中的地面。

4）新建图层，填充白色，设置前景色为深灰色，使用"分层云彩"滤镜，得到较深的灰度图像。

5）创建3D平面，调整平面位置于场景中的顶部，作为下垂的钟乳石效果。

6）复制地面模型，置于底层，调整位置，作为地面模型的延伸，用以填补地面与钟乳石之间的空白处。

7）分别为钟乳石和地面编辑材质，将素材中的"沙漠07.jpg"文件赋予于地面，形成沙漠效果。

6.2.3　实例三　3D凸纹

1. 本实例所需掌握的知识点

1）创建3D凸纹模型。

2）凸纹模型属性设置。

实例效果如图6-37所示。

扫码在线观看操作视频

图6-37　实例效果图

2. 操作步骤

1）选择文本输入工具，设置字体为Bauhaus 93，字号160，灰色。输入文字"PSCC"。

2）进入3D面板，执行"选中的图层"→"3D模型"→"创建"命令。文档中出现3D文字模型，适当调整视图。

3）在3D面板中选择"PSCC"条目，进入"属性"面板，单击变形按钮 。

4）设置凸出深度为88.19，扭转为-9°，锥度为26%，弯曲中的水平角度为47°，垂直角度为-9°。运用相机工具调整并缩放视图,得到如图6-38所示效果。

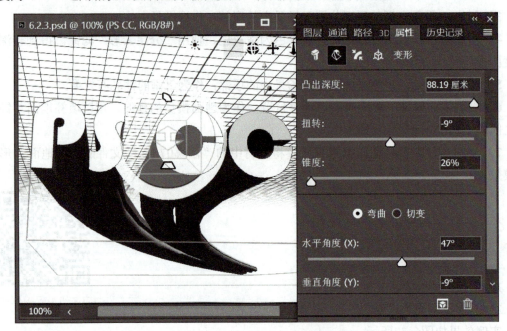

图6-38 对文字进行变形操作

5)进入"环境"属性面板,单击"背景"下的■按钮,选择"载入纹理",将"星云.jpg"文件载入到背景中。

6)回到3D面板,配合<Shift>键,将"PSCC"模型下的5个材质全部选中,如图6-39所示。

图6-39 选中PSCC模型的全部材质

7)进入"属性"面板,在"材质选取器"中将"金属-黄铜(实心)"材质赋予选中的5个材质。

8)单击"漫射"后面的纹理按钮■,选择"替换纹理"将全部纹理替换为"金属01.jpg"文件。此时文档中的效果如图6-40所示。

9)继续编辑纹理。确定5个材质已被全部选中,单击凹凸后面的■按钮,选择"载入纹理"将"金属01.jpg"文件赋予凹凸贴图,设置凹凸值为25。

10)回到3D面板,选择"PSCC凹凸材质",进入其"属性",单击"镜像"颜色框,在背景"星云"中拾取一种红色,使文档中的文字与背景更协调。

第6章 Adobe Photoshop CC 2017中3D的使用

图6-40 为模型赋予材质

11）进入"图层"面板，新建图层，置于3D层上方。选择仿制图章工具，在上方的"仿制样本模式"中选择"所有图层"。按住<Alt>键，在背景"星云"图像上单击，拾取仿制源，在文字模型的尾部绘制，使复制的图像覆盖住模型尾部。效果如图6-41所示。

图6-41 处理模型尾部效果

12）最后得到图6-37所示的效果，保存文件。

3．知识点详解

在Photoshop CC 2017中，可以轻松的将2D对象转换为3D模型，并在3D空间中精确地进行凸出、扭转、锥度、弯曲和切变等操作。

模型来源 这里2D对象的来源有图层、工作路径、选区和文件等。

（1）来源于选中的图层 选定有像素的图层，在"源"中选择"选中的图层"单击"创建"后，可根据像素的形状创建3D模型。

（2）来源于工作路径 在空图层中绘制路径，在"源"中选择"工作路径"可根据路径形状创建3D模型。

（3）来源于当前选区 要求新建图层，且选区中要有像素，在"源"中选择"当前选区"可根据选区形状创建3D模型。

（4）来源于文件 不需要新建图层，可在3D菜单中选择"从文件新建3D图层"命令。这里要求，所选的文件格式必须是可执行的3D格式的文件。使用这种方法可以将已有的3D

格式文件导入到文档中。

4种创建的3D模型效果及图层面板如图6-42所示。

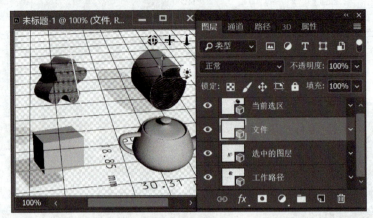

图6-42　4种模型效果及图层面板

3D模型创建后进入3D面板，如图6-43所示会出现模型名称，在其下会有膨胀、斜面、凸出等材质及边界约束等项目，进入每一项的属性可以进一步对模型进行编辑。这里来源于"文件"的模型因模型的特殊性会有所不同。

模型属性设置，以"工作路径"创建的3D模型为例，进入属性面板如图6-44所示，面板顶部有"网格""变形""盖子"和"坐标"4个按钮，每一按钮可打开不同的编辑界面。在网格界面中，可对模型的形状进行多种预设，设置物体凸出部分的深度值，单击"编辑源"可直接打开工作路径的文档对路径进行编辑，编辑后保存路径，文档中的模型同时发生变化。

图6-43　3D模型面板

图6-44　模型属性面板

A—网格　B—变形　C—盖子　D—坐标

第6章　Adobe Photoshop CC 2017中3D的使用

进入模型的"变形"属性界面，如图6-45所示。在这里可以对模型的凸出深度、扭转、锥度、弯曲和切变等进行设置，进一步控制模型的造型。

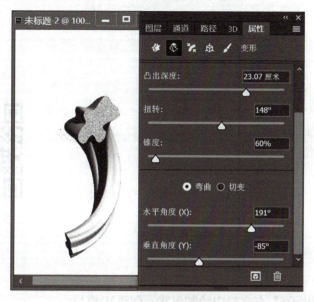

图6-45　模型的变形属性

在"盖子"属性中可设置模型的前部、背部，按钮的膨胀角度和强度。在"坐标"属性里，可分别从X、Y、Z轴向对模型进行位置、旋转和缩放的控制。当物体被赋予材质后，属性面板中会出现3D绘画按钮，进入该属性界面可以绘制模型的多种纹理映射。

回到3D面板，创建的模型下跟随5种材质，分别是前膨胀材质、前斜面材质、凸出材质、后斜面材质和后膨胀材质。分别对应模型的5个部位，进入每一材质属性可以对模型的不同部位编辑相应的材质。

进入边界约束项，可将选区或路径添加到模型的表面，所添加的选区或路径必须要全部包含在"顶部膨胀表面"中。添加后的选区或路径成为模型的"内部约束"，在属性中可选择这种约束为非现用、现用和空心3种形式，也可删除约束。如图6-46所示。

图6-46　模型的约束控制

4. 课后练习

运用本课所学知识完成如图6-47所示的效果。

图6-47 课后练习效果图

扫码在线观看操作视频

解题思路

1）新建文件。

2）选择形状"叶子5"在文档中绘制形状，创建3D模型。

3）进入模型的属性面板，在网格的"形状预设"中选择"斜面帧"。

4）调整视图为"前视图"，绘制"蝴蝶"路径，将路径与叶子模型对齐并翻转路径。

5）回到3D面板，选择"边界约束1"进入其"属性"面板，将"路径添加到表面"，设置类型为"空心"。

6）调整视图及模型的角度。

7）为模型设置材质，保存文件。

6.2.4 小结

本段课程学习了创建多种3D模型的方法，其中在一个文档中创建多个模型、运用4种2D来源创建3D模型是本段课程的重点内容。进入模型的不同属性项，通过对不同选项的设置，可有效地对3D模型进行控制，得到多种模型效果。

6.3 3D光源与渲染

6.3.1 实例一 灯光布置与渲染

1. 本实例所需掌握的知识点

1）了解3D光源。

2）设置并添加光源。

3）渲染设置。

实例效果如图6-48所示。

扫码在线观看操作视频

第6章　Adobe Photoshop CC 2017中3D的使用

图6-48　实例效果

2．操作步骤

1）打开"素材"\"第6章"文件夹中的素材"6.3.1渲染.3DS"文件。

2）调整视图并为模型添加木纹材质。将素材中的"高清晰木纹.jpg"图片赋予模型。并设置材质的凹凸、反射、折射及闪亮等属性。

3）回到3D面板，选择"无限光"选项，进入其属性面板，设置光源的强度值为30%，阴影的柔和值为80%。调整光源位置，如图6-49所示。

图6-49　设置无限光

4）回到3D面板，单击面板底部的"将新光照添加到场景"按钮，如图6-50所示，选择"新建聚光灯"为场景添加一盏聚光灯。

图6-50　新建聚光灯

5）如图6-51所示，调整聚光灯的位置，设置参数值为：强度35%，聚光16°，锥形56°，光照衰减650，外径1100。

图 6-51　设置聚光灯参数

6）为场景添加点光源，点光源的位置及参数值如图6-52所示。设置点光源的颜色为浅紫色作为物体的补光，强度20%，光照衰减内径140mm，外径320mm。

图 6-52　设置点光源

7）回到3D面板，在环境属性中，为背景添加一张风景图片。

8）选择场景，选择属性。在场景属性面板中，勾选"表面"，样式中选择"实色"，在底部的"移去隐藏内容"选项中勾选"背面"和"线条"。

9）单击3D面板底部的渲染按钮，开始对整个场景的渲染。

10）渲染完成后保存图像。

3．知识点详解

（1）3D光源设置　3D光源从不同角度照亮模型，从而添加逼真的深度和阴影。

第6章　Adobe Photoshop CC 2017中3D的使用

Photoshop CC 2017为用户提供了3种光源，如图6-53所示，单击"将新光照添加到场景"按钮，可从中选择为场景添加点光、聚光灯和无限光。

图6-53　光源面板
A—新光照添加到场景　B—渲染　C—开始打印　D—删除光源

光源属性面板：每一光源都具有灯光属性和坐标属性，通过两种属性设置可对光源参数和具体坐标位置进行调整。如图6-54所示，在预设中系统提供了多种灯光的预设形式，在类型中可以更改当前灯光的类型，可将当前的无限光源更改为点光或聚光灯。

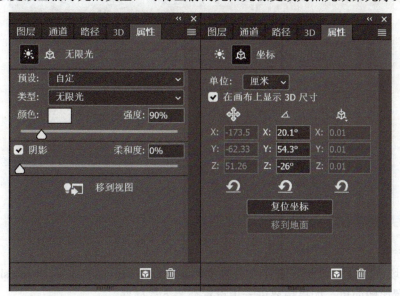

图6-54　光源属性面板

在灯光属性中可设置灯光的颜色、强度、阴影等参数。在坐标属性中可通过X、Y、Z

轴控制灯光的位置。最直接的方法还是通过鼠标直接在场景中控制光源的位置，如图6-55所示，通过鼠标控制光源，使光源围绕模型移动，可更加直观地观察灯光对物体的影响。

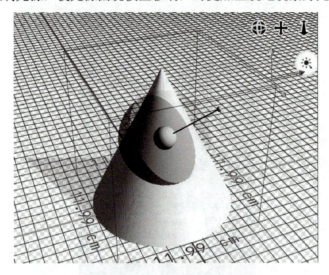

图6-55　调整光源位置

3种光源的属性各不相同，如图6-56所示，点光源中增加了光照衰减的设置，聚光灯中还进一步增加了聚光范围、灯光锥形范围的设置。这些设置可通过具体参数实现，也可用鼠标在场景中直接拖拽光照范围上的结点进行设置。

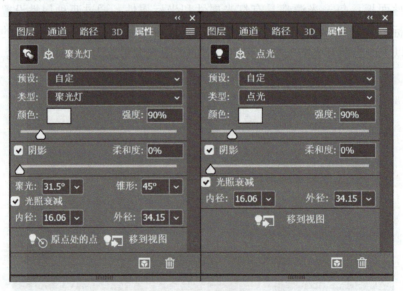

图6-56　聚光灯与点光属性面板

（2）3D场景渲染　绘制好的3D文件需要渲染才能得到逼真的效果。Photoshop CC 2017中的渲染设置比较简单，如果想要进一步设置需要下载插件。

在3D场景面板中双击场景按钮，进入场景属性面板。如图6-57所示，在"预设"中，Photoshop CC 2017提供了多种渲染预设，可以快速设置渲染效果。

第6章　Adobe Photoshop CC 2017中3D的使用

图6-57　场景属性面板

"横截面"项可通过物体切片的轴向、各轴倾斜的角度、位移的数值等参数进一步设置渲染效果。在"表面、线条、点"选项中提供了许多可供选择的设置，通常情况下，选择默认设置即可。在"线性化颜色"中设置"阴影"项，取消其勾选时场景中的物体则不显示阴影。在"移去隐藏内容"项中，如果选择"背面"再渲染时，物体的背面将不会被渲染。

渲染设置完成后，单击面板底部的渲染按钮 对场景进行渲染。渲染时在文件底部可以看到渲染进度，按<Esc>键可退出渲染，对场景参数重新设置后再次进行渲染。

要保留3D模型的位置、光源、渲染模型和横截面，需要将文件以PSD、PSB、TIF或PDF格式储存。

4．课后练习

打开"素材"\"第6章"文件夹中的"6.3.3练习.obj"文件，根据本节所学内容为场景设置灯光效果并渲染。最后效果如图6-58所示。

图6-58　课后练习效果图

解题思路

1）打开"素材"\"第6章"文件夹中的素材"6.3.3练习.obj"文件。
2）为茶壶、茶杯和木板编辑材质。
3）显示场景中的光源,并调整光源的位置。
4）添加一盏聚光灯,调整聚光灯的位置使其照射茶壶与茶杯。
5）添加一盏无限灯,调整至茶壶背面作为物体的补光,设置强度为0.2。
6）分别设置灯光参数,为各盏灯创建阴影,并调整柔和度。
7）选择整个场景,渲染。

6.3.2 小结

本段课程主要学习了3D中光源及渲染设置。在3D光源的设置中主要了解光源位置的调整,灯光各参数的设置及添加新光源。在场景渲染设置中简单了解几种预设方法,想要使用更多的渲染方法可下载安装渲染插件来进一步学习。

本 章 总 结

本章学习了Photoshop CC 2017中3D的使用,从编辑材质、创建3D模型和灯光设置3个方面对3D知识进行了详细了解。在编辑材质中要理解材质、纹理与模型的关系,主要掌握"漫射""凹凸""反射""闪亮"几种材质的编辑方法。在创建3D模型中,创建凸纹模型及其属性设置是要掌握的重点内容,对凸纹物体属性的巧妙编辑可以得到千变万化的三维物体模型。在灯光与场景渲染中重点掌握灯光位置的调整、灯光参数的设置。在3D知识的学习中,要合理运用所学知识,综合运用,才能得到完美的三维效果。学习中要注意积累,复杂制作的完成离不开每一个小步骤,学好每一步的操作,才能融汇贯通。关于3D动画方面的知识将在第7章Photoshop的动画知识中学习。

第7章 Photoshop CC 2017的动画视频与网页

学习目标

1）了解Adobe Photoshop CC 2017创建视频和动画的制作流程。
2）掌握创建时间轴动画的操作步骤。
3）掌握Adobe Photoshop CC 2017设计网页使用的工具及其属性设置。
4）掌握Adobe Photoshop CC 2017制作按钮、网页的方法。

7.1 Adobe Photoshop CC 2017的动画与视频

7.1.1 实例一 制作帧动画

1. 本实例需掌握的知识点

1）使用Photoshop CC 2017创建帧动画。
2）视频的导入，编辑以及导出。
3）掌握时间轴面板在帧模式下的功能和应用。
4）掌握创建帧动画的操作步骤。
实例效果如图7-1所示。

图7-1 实例效果图　　　　　　　扫码在线观看操作视频

2. 操作步骤

1）执行"文件"→"导入"→"视频帧到图层"命令，载入"素材"\"第七章"\"背景.mp4"视频，在弹出的"将视频导入图层"对话框中单击"确定"按钮，如图

7-2所示。

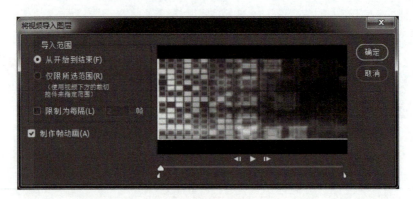

图7-2　将视频导入图层

2）执行"窗口"→"时间轴"命令，打开时间轴面板，单击"时间轴"面板中第201帧，按住<Shift>键，单击"时间轴"面板中第235帧，单击"时间轴"面板菜单按钮，执行"删除多帧"命令，在弹出的"Adobe Photoshop CC 2017"对话框中单击"是（Y）"按钮。

3）单击"时间轴"面板下方的选择第一帧按钮，返回到动画的第一帧。

4）执行"窗口"→"图层"命令，打开图层面板，单击图层面板上图层235，选择工具箱中的文字工具，输入大写字母"P"，设置字体为"Impact"，大小为"100"，设置文字颜色的RGB值为：255，255，255。

5）单击"图层"面板下方的添加图层样式按钮，为图层"P"添加投影和外发光，外发光的"扩展"参数设置为15，"大小"为20，此时的时间轴面板和图层面板效果如图7-3、图7-4所示。

图7-3　时间轴面板　　　　　　　　　　　图7-4　图层面板效果

6）拖动图层"P"到图层面板下方的新建按钮，创建图层"P"的副本，选中图层"P"的副本，选择工具箱中的移动工具，水平右移到合适位置，修改文字内容为"S"。

7）重复"步骤6）"的操作，创建图层"视"和图层"频"，此时画面效果如图7-5所示。

8）拖动图层"P"到图层面板下方的新建按钮，创建图层"P"的副本，拖动"外发

第7章　Photoshop CC 2017的动画视频与网页

光"到图层面板下方的删除按钮，该图层只保留投影图层样式。

9）重复"步骤8）"的操作，创建图层"S"、图层"视"和图层"频"的副本，此时图层面板效果如图7-6所示。

图7-5　画面效果

图7-6　图层面板效果

10）单击"时间轴"面板中第1帧，按住<Shift>键，单击"时间轴"面板中第20帧，显示"图层"面板中图层"P"的副本，隐藏其他文字图层；单击"时间轴"面板中第21帧，按住<Shift>键，单击"时间轴"面板中第40帧，显示"图层"面板中图层"P"副本和图层"S"副本，隐藏其他文字图层。

11）依次操作，第41帧至60帧，显示图层"P"副本、图层"S"副本和图层"视"副本；第61帧至80帧，显示图层"P"副本、图层"S"副本、图层"视"副本和图层"频"副本；第101帧至120帧，显示图层"P"副本、图层"S"副本、图层"视"副本和图层"频"副本；第141帧至160帧，同样显示图层"P"副本、图层"S"副本、图层"视"副本和图层"频"副本；其他帧显示所有文字图层内容。

12）单击"时间轴"面板的播放按钮，预览动画；单击停止按钮，停止播放。

13）执行"文件"→"导出"→"渲染视频"命令，弹出"渲染视频"对话框，设置名称为"7-1.mp4"，单击"渲染"按钮。

14）保存文件。

3．知识点讲解

（1）胶片和视频　执行"文件"→"新建"命令，弹出新建文档对话框，单击"胶片和视频"，可选择不同类型的预设空白文档，也可下载免费的视频模板或根据实际需求建

227

立视频文档，如图7-7所示。

图7-7 新建"胶片和视频"文档窗口

（2）"时间轴"面板　执行"窗口"→"时间轴"命令，弹出"时间轴"面板，单击下拉菜单选择"创建帧动画"或"创建视频时间轴"，打开相应的时间轴面板，如图7-8所示。

图7-8 "时间轴"面板

1）创建帧动画　"创建帧动画"的时间轴面板以帧模式出现，显示动画中的每个帧的缩览图。制作的过程就是将动画的各静态部分分别放到不同的层上，制作出若干个图层后，选择动画帧，再设置图层面板上相关内容的显示/隐藏，来创建动画。通过面板底部的工具可浏览各个帧，设置循环选项，添加和删除帧以及预览动画，如图7-9所示。

单击"时间轴"面板菜单按钮■，弹出快捷菜单，可以对动画帧和面板进行相应修改，如图7-10所示。

第7章 Photoshop CC 2017的动画视频与网页

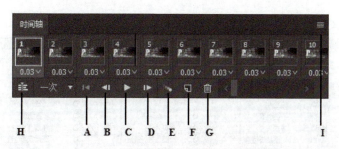

图7-9 "创建帧动画"时间轴面板

A—选择第一个帧　B—选择上一个帧　C—播放动画　D—选择下一个帧　E—过渡动画帧
F—复制选定的帧　G—删除选定的帧　H—转换为视频时间轴　I—时间轴面板快捷菜单

2）创建视频时间轴　在视频时间轴模式中对图层内容进行动画创作，主要是通过设置图层的帧持续时间和动画属性。将当前时间指示器移动到其他时间/帧上，在时间轴面板中设置关键帧，然后修改该图层内容的位置、不透明度或样式。通过面板底部的工具可浏览各个帧，放大或缩小时间显示，切换洋葱皮模式，删除关键帧和预览视频。可以使用时间轴上自身的控件调整图层的帧持续时间，设置图层属性的关键帧并将视频的某一部分指定为工作区域，创建视频时间轴面板如图7-11所示。

在创建视频时间轴动画过程中，因图层对象不同时间轴会有所区别，如图7-12所示。

位置，单纯控制图层对象在画布的移动，产生移动动画效果。变换，包含对图层对象在画布的移动控制和变形控制，可以产生原地旋转，放大缩小，翻转动画效果。样式，控制图层对象样式效果。图层样式是可以产生很丰富的动画效果，除了简单的外发光、内发光、投影等基本动画效果，里面的图案样式更可以应付重复的背景场景，如飘雪、流星等效果。不透明度，是控制图层对象的整体透明度。蒙版，使用蒙版的时候蒙版位置与蒙版启用一起使用。图层蒙版位置具有控制动画效果范围的作用。矢量蒙版位置则控制矢量图层对象的移动。

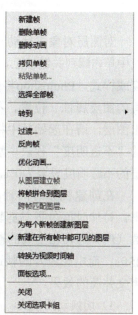

图7-10 创建帧动画的
时间轴快捷菜单

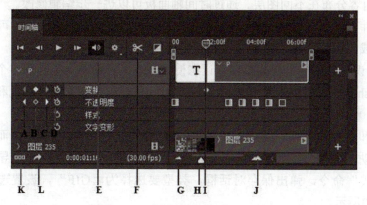

图7-11 "创建视频时间轴"面板

A—转到上一个关键帧　B—在当前时间添加或删除关键帧　C—转到下一个关键帧　D—时间-变化秒表　E—启用音频播放
F—在播放头处拆分　G—缩放　H—缩放滑块　I—当前时间指示器　J—放大　K—转换为帧动画　L—渲染视频

229

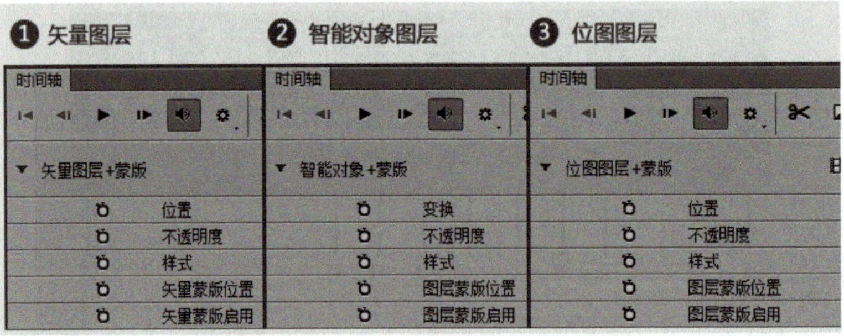

图7-12　不同图层对象视频时间轴面板

a）矢量图层　b）智能对象图层　c）位图图层

对图层对象进行动画处理，应将当前时间指示器移动到其他时间/帧上时，在时间轴面板中单击 到关键帧上，时间轴就会自动创建关键帧，然后修改该图层对象的位置、不透明度或样式。Photoshop将自动在两个现有帧之间添加或修改一系列帧，通过均匀改变新帧之间的图层属性（位置、不透明度和样式）以创建运动或变换的显示效果。例如，如果要淡出图层，请在起始帧中将该图层的不透明度设置为100%，并在"动画"面板中单击该图层的"不透明度"秒表。然后，将当前时间指示器移动到结束帧对应的时间/帧，并将同一图层的不透明度设置为0%。

在创建视频时间轴动画过程中，可以指定包含视频或动画的文档的持续时间或帧速率。持续时间是视频剪辑的整体时长（从指定的第一帧到最后一帧）。帧速率或每秒的帧数（f/s）通常由生成的输出类型决定：NTSC视频的帧速率为29.97f/s；PAL视频的帧速率为25f/s；而电影胶片的帧速率为24f/s。创建视频时间轴动画可以新建音轨，添加音频，实现声文并茂的效果。

3）切换动画模式　单击"转换为帧动画"按钮 或单击"转换为视频时间轴"按钮 ，进行动画模式切换；单击当前的时间轴面板的快捷菜单，也可进行相应转换。

（3）导入视频或图像序列　执行"文件"→"打开"命令，可直接打开GIF动画或图像序列，每一帧内容分布在不同图层。通过时间轴面板可以进一步编辑修改。

执行"文件"→"导入"命令，将视频或图像序列导入文档中，同时可以进行变换。打开视频文件或图像序列时，帧将包含在视频图层中。在"图层"面板中，用连环缩览幻灯胶片图标 标识视频图层。视频图层可让您使用画笔工具和图章工具在各个帧上进行绘制和仿制。Photoshop导入视频依赖于QuickTime技术，可以打开视频文件格式和图像序列，如*.AVI、*.3GP、*.MOV、*.MP4、*.MPG、*.WMV、*.FLV等格式。

（4）保存和渲染动画　考虑到GIF格式能保证图像一定的显示质量，而且文件的体积较小，可以将动画存储为GIF文件以便在Web上观看。执行"文件"→"导出"→"存储为Web所用格式"命令，弹出保存对话框，类型要选择为"GIF"，设置选项为"默认设置"，如图7-13所示。

执行"文件"→"导出"→"渲染视频"命令，可以导出视频文件或图像序列，如图7-14所示。

第7章　Photoshop CC 2017的动画视频与网页

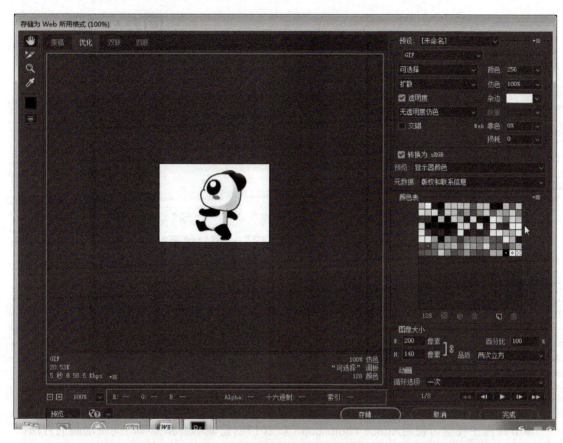

图7-13　存储为Web所用格式窗口

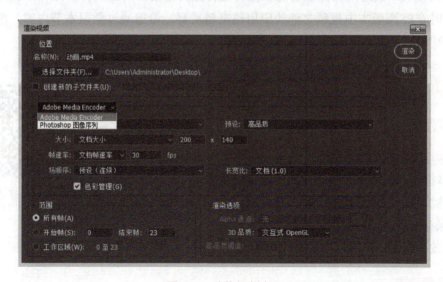

图7-14　渲染视频窗口

4. 课后练习

载入"素材"\"第七章"\"光点"视频，运用所学知识，完成如图7-15所示的效果。

231

图7-15　课后练习效果图

扫码在线观看操作视频

解题思路

1）载入视频素材。

2）使用文字工具分别创建文字图层"闪""亮""登""场",应用外发光图层样式。

3）在时间轴面板第1帧至10帧,显示图层"闪";第11帧至20帧,显示图层"闪"和"亮",第21帧至30帧,显示图层"闪""亮"和"登";第31帧至40帧,显示所有的文字图层。

4）执行"文件"→"将优化结果存储为"命令,保存GIF格式文件。

5）执行"文件"→"导出"→"渲染视频"命令,弹出"渲染视频"对话框,单击QuickTime导出右侧的下拉按钮,选择"MOV",单击"渲染"按钮。

7.1.2　小结

本节课程主要学习使用Adobe Photoshop CC 2017创建帧动画和视频时间轴动画的方法；熟悉在不同模式下的时间轴面板功能和控件显得尤其重要。动画制作的操作步骤是学习的重点；同时在PS高版本中视频文件的应用越来越重要。希望通过学习本节内容,能熟练掌握视频和动画的设置,制作出实际需要的动画。

7.2　Adobe Photoshop CC 2017网页

7.2.1　实例一　制作网页按钮

1. 本实例需掌握的知识点

1）掌握Adobe Photoshop CC 2017创建按钮的方法。

2）熟练掌握切片工具的设置以及应用。

3）保存网页文件和图像。

实例效果如图7-16所示。

扫码在线观看操作视频

2. 操作步骤

1）新建文件,执行"文件"→"新建",弹出"新建文档"对话框,单击"Web"按钮,选择"Web最小尺寸",勾掉"画板",单击"创建"按钮。"新建文档"对话框如图7-17所示。

第7章　Photoshop CC 2017的动画视频与网页

图7-16　实例效果图

图7-17　新建Web文档窗口

2）打开"素材"\"第7章"\"7-2素材.jpg"图片，选择工具箱中的移动工具，将图片拖拽到新建Web文档窗口中，并调整图片位置。

3）执行"视图"→"标尺"命令，选择工具箱中的移动工具，在标尺的任意位置上右击，选择"像素"，将标尺的显示单位设置为"像素"，拖拽水平标尺创建水平参考线，拖拽垂直标尺创建垂直参考线，生成参考线位置如图7-18所示。

4）新建"图层2"，选择工具箱中的矩形工具，在"图层2"中绘制图形，图形的大小和位置如图7-19所示。

233

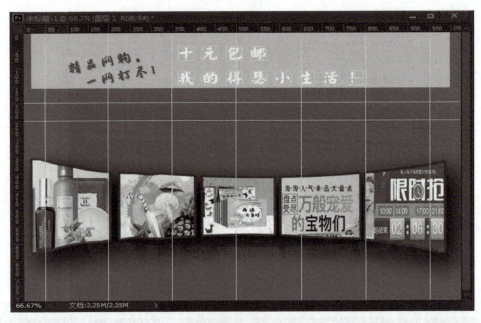

图7-18 创建参考线

图7-19 绘制按钮的基本形状

5）执行"窗口"→"样式"命令，弹出"样式"窗口，单击"样式"窗口右上角的小三角，从弹出的快捷菜单中选择"Web样式"项，打开名称为"Adobe Photoshop CC 2017"的样式替换对话框，单击"确定"按钮，此时"Web样式"项显示在窗口中。

6）确认当前选择的是"图层2"，选择"样式"窗口中的"表单按钮"样式，如图7-20所示。

7）修改"图层2"的"描边"效果，双击"描边"，弹出图层样式对话框，设置描边颜色RGB值为0，0，0，大小为2像素。

图7-20 选择表单按钮样式

8）选择"图层2"，单击工具箱中的移动工具，按住<Alt>键，向右拖拽矩形按钮，复制"图层2"并平行移动对象的位置，连续操作5次，此时的文件效果如图7-21所示，图层面板如图7-22所示。

第7章　Photoshop CC 2017的动画视频与网页

图7-21　多个按钮效果

图7-22　图层面板

9）隐藏"图层1"，在画布上用移动工具框选所有内容，选中六个连续图层，单击"图层面板"下方的链接按钮，链接图层。选择工具箱中的移动工具，单击工具属性栏上的"垂直居中分布"按钮和"水平居中分布"按钮，将所有按钮对齐。

10）将"图层2拷贝"至"图层2拷贝5"6个图层合并为1个图层。

11）选择工具箱中的文字工具，设置工具属性栏上的字体为"黑体"，字体大小为"25点"，字体颜色RGB值为255，0，0，输入文字"拉手网 美团网 窝窝团 糯米网 聚美优品 大众点评"，调整文字位置，为文字图层添加投影样式。效果如图7-23所示。

图7-23　输入文字

12）将"图层2拷贝5"与后创建的文字图层合并，效果如图7-24所示。

图7-24　合并后的图层面板

13）单击工具箱中的切片工具，参考每个按钮的大小创建切片，文件效果如图7-25所示。

图7-25　创建切片

14）选择工具箱中的切片选择工具，单击选择切片03，双击鼠标左键弹出"切片选项"对话框，在URL右侧输入"http://www.lashou.com"，在目标右侧输入"_blank"，在ALT标记右侧输入"团购网"，"切片选项"对话框设置如图7-26所示。

图7-26　切片选项设置对话框

15）选择工具箱中的"切片选择"工具，双击切片04，在其"切片选项"对话框中，URL输入"http://www.meituan.com"；依次操作，切片05，设置URL输入"http://dalian.55tuan.com"；切片06，设置URL输入"http://www.nuomi.com"；切片07，设置URL输入"http://www.manzuo.com"；切片08，设置URL输入"http://www.juqi.com"。

16）执行"文件"→"导出"→"存储为Web所用格式"命令，单击"存储为"按钮弹出保存对话框，保存类型为"HTML和图像"，设置选项为"默认设置"，切片选项为"所有切片"。文件名为7.2.1.html（文件名不要使用中文），保存的位置是"第7章"文件夹中效果图位置，也可自行更改。单击"确定"按钮，弹出警告框，提示文件名兼容性问题，可不必理会，单击"确定"按钮即可。

3．知识点详解

（1）创建按钮　在Photoshop创建和制作按钮过程中，想要得到精美的图像，其关键在于使用多种工具创建按钮的形状和灵活应用"图层样式"。在"样式"面板中已经提供了一些预定义的图层样式，使用起来比较方便，也可以进行修改，就按钮设计而言，此面板比较适用。

要创建翻转按钮，至少需要两个图像：主图像表示处于正常状态的按钮图像，而次图像表示处于更改状态的按钮图像。Photoshop提供了许多用于创建翻转按钮的有用工具。

1）使用图层创建主图像和次图像。在一个图层上创建内容，然后复制并编辑图层以创建相似内容，同时保持图层之间的对齐。当创建翻转效果时，可以更改图层的样式、可见性或位置，调整颜色或色调，或者应用滤镜效果。

2）利用图层样式对主图层应用各种效果，如颜色叠加、投影、发光或浮雕。若要创建翻转对象，请启用或禁用图层样式并存储处于每种状态下的图像。

3）使用"样式"面板中的预设按钮样式快速创建具有正常状态、鼠标移过状态和鼠标按下状态的翻转按钮。使用矩形工具绘制基本形状，并应用样式以自动将该矩形转换为按钮，然后复制图层并应用其他预设样式以创建其他按钮状态。将每个图层存储为单独的图像以创建完成的翻转按钮组。

在Photoshop中创建翻转按钮各个状态之后，使用Dreamweaver或Flash等软件将这些图像置入网页中并自动为翻转动作添加JavaScript代码。

（2）切片工具　切片将图像划分为若干较小的图像，这些图像可在Web页上重新组合。通过划分图像，可以指定不同的URL链接以创建页面导航，或使用其自身的优化设置对图像的每个部分进行优化。

1）创建切片　选择切片工具，将切片工具的刀尖放置在要切图像部分的左上角，向下和向右拖拽鼠标，直到形成的切片矩形框包括了所要选择的部分，要确保切片边界精确和图像边界重合，可以使用视图中的"对齐"功能，更方便对齐图层和切片。使用切片工具创建的切片称为用户切片；通过图层创建的切片称为基于图层的切片。当用户创建新的用户切片或基于图层的切片时，会生成附加自动切片来占据图像的其余区域。换句话说，自动切片填充图像中用户切片或基于图层的切片未定义的空间。每次添加或编辑用户切片或基于图层的切片时，都会重新生成自动切片。

2）切片选择工具　可以对切片进行选择、移动、调整、对齐、复制、删除等操作。单击工具属性栏上的为当前切片设置选项按钮，打开"切片选项"对话框，如图7-27所示。

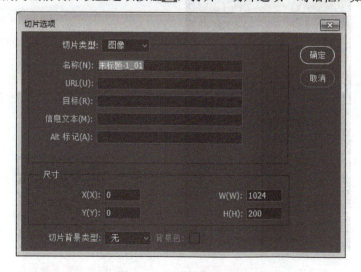

图7-27　切片选项对话框

URL：为切片指定URL可使整个切片区域成为所生成Web页中的链接。当用户单击链接时，Web浏览器会导航到指定的URL和目标框架。该选项只可用于"图像"切片。在"切片选项"对话框的"URL"文本框中输入URL，可以输入相对URL或绝对URL。如果输入绝对URL，一定要包括正确的协议（例如，http://www.163.com而不是www.163.com）。

目标：在"目标"文本框中输入目标框架的名称：_blank，在新窗口中显示链接文件，同时保持原始浏览器窗口为打开状态。_self，在原始文件的同一框架中显示链接文件。_parent，在自己的原始父框架组中显示链接文件。_top，用链接的文件替换整个浏览器窗口，移去当前所有帧。

信息文本：输入信息文本，框中的内容是在网络浏览器中，将鼠标移动至该切片时，在状态栏弹出显示的内容。

Alt标记：指定选定切片的Alt标记。Alt文本出现，取代非图形浏览器中的切片图像。Alt文本还在图像下载过程中取代图像，并在一些浏览器中作为工具提示出现。

（3）保存网页文件和图像　　在进行网页创建和利用网络传送图像时，要考虑网络的传输速度，要保证一定的显示质量，所以应尽可能减小图像文件的大小。当前常见的Web图像格式有3种：JPG格式、GIF格式、PNG格式，大多采用JPG和GIF格式，而PNG格式虽然优点很多，但保存的图像一般都很大，因此很少被使用。

执行"文件"→"导出"→"存储为Web所用格式"命令，单击"存储为"按钮弹出保存对话框，保存类型要选择为"HTML和图像"，切片选项为"所有切片"。在指定的目录中会产生一个.html文件和一个images目录，如果要移动目录位置必须两者一起移动，否则图片无法在网页中显示。因为网页文件并不能包含图片，图片存放在images目录中。

4．课后练习

打开"素材"\"第7章"文件夹中"H5背景素材.jpg"图片，运用切片工具并进行恰当的设置，完成如果7-28所示。

图7-28　课后练习效果图　　　　　　　扫码在线观看操作视频

解题思路

1）通过自定义形状工具和圆角矩形工具制作按钮形状，运用样式中的Web样式下的蓝色和黄色回环样式，完成按钮制作。

2）输入按钮文字，通过视图对齐功能，调整按钮与文字的位置。

3）选择切片工具在4个按钮位置创建切片，切片名称分别为_03、_06、_09、_12。

4）利用选择切片工具对按钮切片进行选择设置，主要设置4个按钮切片的URL分别为"http://www.51job.com，http://www.zhaopin.com，http://www.chinahr.com，http://www.58.com"。

5）保存HTML和图像，得到最后效果。

7.2.2 小结

本节课程主要学习使用Photoshop设计制作网页，贯穿本段课程的主要知识点是按钮的制作、创建和设置切片。不同以往版本，实现按钮的翻转还需借助Dreamweaver或Flash等软件设置添加JavaScript代码。另外，使用Adobe Bridge创建Web照片画廊，从而通过使用各种具有专业外观的模板将一组图像快速转变为交互网站。

本 章 总 结

通过本章课程的学习，大家了解了Adobe Photoshop CC 2017设计网页的流程；掌握Adobe Photoshop CC 2017制作按钮、网页、动画的制作方法。从学习过程中，不难看出，Photoshop CC 2017的功能特别强大，在动画部分，完善了视频时间轴动画，结合原来的帧动画，基本上能满足动画制作者的需求；视频的导入，为用户的动画更加增色不少。在网页的设计方面不减以往，灵活应用切片工具快速进行网页制作，将一个完整的网页切割成多个小片，可以对每一个切片进行优化，以便上传，最后可以用专业的网页制作软件进行细致的处理。切片选项能让网页随心跳转。希望学习本章课程之后，不断实践操作，能制作出更多精美的网页，新颖的动画。

第8章 综合项目实训

学习目标

1) 了解标志的概念、功能、分类及设计流程。
2) 了解包装概念，分类及设计方法。
3) 了解广告概念，分类及设计应用。
4) 掌握摄影作品的后期处理方法。
5) 掌握移动UI设计方法。
6) 通过项目实训，灵活掌握Photoshop的使用方法，提高实际操作能力。

8.1 项目一 标志设计

8.1.1 项目分析

1. 本项目需掌握的专业知识

（1）标志的概念

标志是一种具有象征性的大众传播符号，它以精练的形象表达一定的含义，并借助人们的符号识别，联想等思维能力，传达特定的信息。

（2）标志的分类

广义分类。包括所有通过视觉、触觉、听觉所能识别的各种识别符号。

狭义分类。以视觉形象为载体，代表某种特定事物内容的符号式象征图案。根据标志所代表内容的性质，以及标志的使用功能，可将标志分为5种类别。

1) 地域、国家、党派、团体、组织、机构、行业、专业、个人类标志。
2) 庆典、节日、会议、展览、活动类标志。
3) 公益场所、公共交通、社会服务、公众安全等方面的说明、指令类标志。
4) 公司、商店、宾馆、餐饮等企业类标志。
5) 产品、商品类标志。

1、2、3为非商业类标志，4、5由于涉及商品的生产和流通活动，属于商业类标志。

（3）标志的功能

标志的标准符号性质，决定了标志的主要功能是象征性、代表性。人们习惯于将某一标志与其所象征和代表事物的信用、声誉、性质、规模等信息内容联系起来。

信誉保证。商标代表了商品生产，经营企业的信誉，是商品质量的保证。

区分事物。商标在视觉图形上的个性化特征，成为消费者选择和购买商品时的重要依据。

宣传工具。对于商品及商品的生产和销售企业而言，商标本身就具有广告作用。同时也有利于强化商品和企业的品牌地位，增加其商品对市场的占有率。尤其在现代企业经营策略的"CI"理念中，更强调以商标为核心，构建完整的企业形象识别体系。企业可以以商标为工具，通过创著名品牌扩大商标的知名度，提高商标的美誉度，从而使商标在激烈的市场竞争中，能够起到无声的产品推销员的促销作用。

监督质量。商标的信誉是建立在商品质量基础之上的。商品质量的好坏，将直接影响商品的信誉和企业的形象。因此商标具有监督商品质量，促进优质商品生产进一步发展的作用，制约劣质和过时商品生产的作用。商标的这种监督质量的功能，可迫使商品的生产者为了维护商标的信誉，必需持续不断地努力提高产品的质量及服务质量，并不断地开发出受消费者欢迎的新产品。

维护权益。在市场经营活动中，品牌本身就是一种无形资产。商标的知名度、美誉度越高，商标的含金量也就越高。在市场竞争的规则中，商品的生产企业，可通过注册商标的专用权，有效维护其企业和商品已经取得的声誉、地位；企业可以注册商标为依据，利用有关商标的法律，保护企业的合法权益和应得的经济利益不受损害。

装饰美化。标志具有装饰和美化的功能，这一功能在商标的使用中尤为显著。商标在商品包装造型的整体设计中，是一个不可缺少的部分。形式优美的商标对商品装饰美化起到"画龙点睛"作用。对于社会而言，标志的审美和设计水平，既可反映出一个国家，一个地区的文化传统和社会意识，也能从侧面反映出一个国家、一个地区的艺术设计水平。

2. 实例分析——"依克丽尔中介公司"

"依克丽尔中介公司"标志如图8-1所示。

"依克丽尔中介公司"标志设计内涵：

"依克丽尔中介公司"的职能是做"企业"与"人才"的桥梁。标志主体形象为两个牵手的人，代表着"企业"与"人才"，中间两人物牵手处的英文字母"YKLR"为"依克丽尔"的拼音缩写。字母下面的红色曲线代表"依克丽尔"公司，服务于企业和人才之间，是企业与人才的纽带。"企业"与"人才"通过"依克丽尔中介公司"组成一个房屋。"房屋"是遮风避雨的

图8-1 实例效果图

地方，这里寓意为"企业"与"人才"通过"依克丽尔"公司达到各自共同的愿望，组成一个温暖、平安的港湾。

标志的主体颜色为红色，暗喻"公司""企业"和"人才"的前景广阔，一片光明。

8.1.2 项目操作过程

制作思路：路径工具组、路径面板的灵活适用。

1）新建80mm×70mm，分辨率为90的文件。

2）分别设定4条参考线，参考线的位置分别为：第一条于水平10mm处，第二、三、四条，分别垂直于25mm、40mm、55mm处。参考线的位置如图8-2所示。

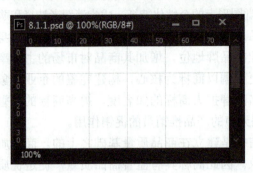

图8-2　参考线的位置

3）选择工具箱中的椭圆工具，设定前景色为红色，设置其绘制形式为"从中心"绘制。在参考线水平为10mm，垂直为25mm处单击，在弹出的"创建椭圆"对话框中设置宽、高均为50像素，勾选"从中心"项，单击"确定"按钮，创建一个正圆作为"人"的头部。图层面板中自动生成新图层名为"椭圆1"的新图层。

4）复制正圆，移动到参考线的第三个交叉点处，此时画面及图层面板如图8-3所示。

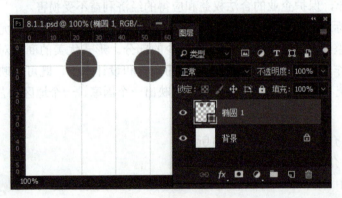

图8-3　画面效果及图层面板

5）选择圆角矩形工具，在工具属性栏中设置其填充色为红色，描边为白色，2像素，实线，设置半径值为"10"。在文档上单击，在弹出的"创建圆角矩形"对话框中设置宽度为35，高度为100，单击"确定"按钮，创建一个圆角矩形作为"人"的手臂，同时生成新的图层，名称为"圆角矩形1"。"圆角矩形"的属性设置如图8-4所示。

图8-4　圆角矩形属性设置

6）按<Ctrl+T>键，调整圆角矩形的位置如图8-5所示。

7）复制"圆角矩形1"生成图层"圆角矩形1拷贝"，调整其位置，此时的画面效果如图8-6所示。

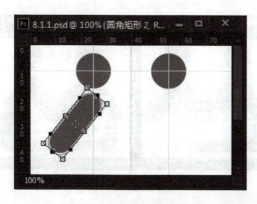

图8-5　调整圆角矩形位置

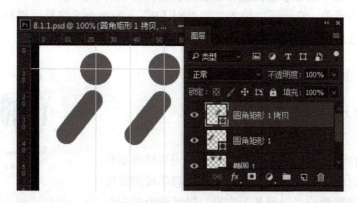

图8-6　复制手臂并调整位置

8）复制人物的另外两条手臂，调整位置，并根据手臂前后顺序调整图层顺序。分别为4条手臂命名，去掉"手臂2"的"描边"效果，效果如图8-7所示。

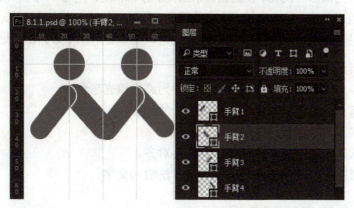

图8-7　4条手臂的效果及图层面板

9）继续选择圆角矩形工具，设置半径值为"15"。在手臂下方绘制第一个圆角矩形，按下工具属性栏中的从当前形状减去按钮，在第一个圆角矩形上绘制第二个圆角矩形，（被减去的圆角矩形的半径值为"10"）形成一半的曲线。复制曲线图层，水平翻转，并调整其位置，形成完整曲线，最后效果如图8-8所示。

图8-8 绘制曲线效果

10)选择工具箱中的文字工具,设置工具属性栏中的字体为"Berlin Sans FB Demi",字号为30,颜色为黑色。在画面中输入文字"YKLR",复制两文字层,调整中间文字层的文字颜色为白色,底层文字的颜色为灰色,最后得到如图8-1所示的标识效果。

8.1.3 课后练习

图8-9为大连开发区职业中专的标识设计。

1. 设计分析

图中的3片树叶代表职业学校的办学特色,可以培养多种类型的职业人才,树叶的形状由小到大,寓意着学校的发展逐渐强大,同时表现学校"以服务为宗旨,以就业为导向"

图8-9 课后练习效果图

的办学方向。后面的蓝色弧线为港湾代表该职业学校,寓意为培养人才的港湾,体现学校"一切为了未来,为学生终生负责"的办学理念,同时也点明该学校的地理位置——大连。整体颜色为蓝色,主体图形为圆形,代表学校的整体氛围"宁静、和谐、团结"同时体现"人正、志远、学勤、业精"的校训精神,蓝色也代表大海的颜色,体现一种博大宽广的精神。

圆形图案的上方点出学校的名字"大连开发区职业中专",下方列出网址http://dkzz.net。

2. 制作分析

1)使用路径工具绘制树叶的基本形状,并为路径填充颜色。
2)设置画笔,用画笔描边路径,形成树叶的叶脉。
3)使用形状工具绘制弧线(港湾)。
4)使用形状工具绘制多个圆形线,并使其对齐。
5)绘制圆形路径,用沿路径输入文字的方法输入文字。

8.2 项目二 洗衣粉包装设计

8.2.1 项目分析

1. 本项目需掌握的专业知识

(1)包装设计要注意的问题

包装相对于其他的平面设计要多考虑一个材质选择的问题,设计者可以根据客户的需求和产品的档次选择塑料，铝箔，编织袋等材料。

（2）包装设计要和客户沟通印刷成本

有时为了节约成本，客户可能会要求采取单色或双色进行设计。咨询客户是否愿意增加覆膜、UV、上光、磨砂、皱纹、起凸、冰花、压纹、烫金等工艺成本。

（3）包装设计时从以下几方面着手

1）一定要有包装效果图和包装展开图。效果图用于给客户比稿，展开图用于印刷。

2）包装效果图的设计，首先考虑的是实用性和方便性，然后才是美观，当然材料是非常重要的，一定要和客户沟通好，包括是哪种印刷方式也要先在这一步确定。接下来要根据产品选择适合的主色调和图片。确定好包装的立体形状。

3）包装展开图最需要注重的是严谨和精细，颜色和尺寸不能有丝毫的偏差。最后要标记出刀模线的位置。

2．实例分析——洗衣粉包装设计

"洁奥洗衣粉"包装设计效果图如图8-10和图8-11所示。

图8-10　实例平面效果图　　　　　　　图8-11　实例立体效果图

"洗衣粉包装"设计分析：

包装决定了消费者对产品最直观的印象，设计贴合实际就显得非常重要。在设计的过程中一定要注意产品的用途、功效、多听取客户的建议。这款洗衣粉的生产商想要在包装上体现：产品高效省时的洗衣理念。

对于清洁类产品，往往采用蓝绿等冷色调的设计，给人以干净清新之感。为了表现高效快速洗衣，在构图上加入了白色光线旋转的元素。

为了加强清洁体验，加入矢量漫画风格的晾晒衣物，为了展示清新香味加入矢量漫画风格的百合花元素。

8.2.2　项目操作过程

1）新建文件36cm×24cm，分辨率为72像素/英寸，模式为RGB颜色，背景为白色。将文件保存为洗衣粉包装.psd格式。

2）为背景填充线性渐变，3种颜色的RGB值分别为：（30，19，232）；（57，210，228）；（38，241，100）。

3）新建一个图层"图层1"，把前景色切换成白色，选择渐变编辑器里的透明条纹渐变，在属性栏里选择角度渐变，从中心绘制，效果如图8-12所示。然后执行"滤镜"→"扭曲"→"旋转扭曲"命令。角度182，如图8-13所示。

图8-12 填充渐变　　　　　　　　　图8-13 旋转扭曲

4）执行"滤镜"→"模糊"→"径向模糊"模糊方法：旋转，数量为10，选择椭圆选框工具，羽化值为20，从中心绘制一个15cm左右的正圆选区，在图层里选择添加图层蒙版，效果如图8-14所示。

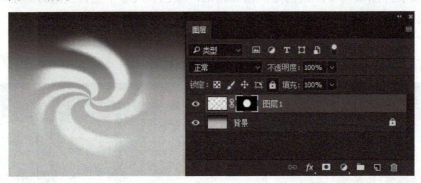

图8-14 添加矢量蒙版

5）继续为"图层1"执行"滤镜"→"扭曲"→"旋转扭曲"，角度52。效果如图8-15所示。

6）新建一个图层，选择喷枪柔边画笔，大小200，颜色为白色，在中心绘制。然后选择混合画笔里的星爆画笔，大小700，颜色白色，在中心绘制。效果如图8-16所示。

图8-15 执行旋转扭曲后效果　　　　图8-16 使用星爆画笔绘制后效果

7）选择文字工具，大小134点，字体为：方正综艺简体。输入"洁奥"，为其图层添加白色的描边样式，大小为6像素。为图层添加投影样式。效果如图8-17所示。

8）新建一个图层"图层4"，用自定义形状工具里的窄边圆形边框绘制一个白色的环形，为此图层添加外发光样式。再给图层加一个蒙版，用画笔在蒙版上把白色环形的一部分画淡。新建一个图层"图层5"，用白色不透明度为90

图8-17 文字效果

的画笔绘制2条高光，效果如图8-18所示。位置如图8-19所示。

9）选择文字工具，大小86点，字体为：方正综艺简体。输入"new"，并为图层添加渐变样式。效果如图8-19所示。

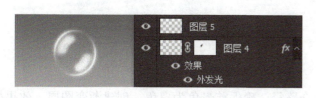

图8-18　气泡效果

图8-19　实例效果图

10）打开"素材"\"第8章"中的"洗衣粉包装素材.psd"，把其他的素材移动到合适的位置，完成效果如图8-10所示。

11）复制洗衣粉包装.psd文件，更改文件名称为洗衣粉包装效果.psd。并把包装两侧的说明部分删除，把除背景以外所有图层合并。将背景层解锁，用自由变换工具把背景层调整成如图8-20所示。

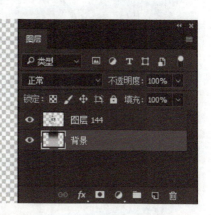

图8-20　背景变换效果

12）按<Shift>键选中两个图层，按<Ctrl+T>键一起自由变换缩小80%左右。新建一个图层放在最下层，并为其添加深灰到浅灰的渐变，选中"背景层"，按<Ctrl+T>键，在属性栏按 ，调整后效果如图8-21所示。

13）选中背景层上面的图层，按<Ctrl+T>键自由变换缩小80%左右。

14）为"洗衣粉立体效果图"制作镂空把手。选择圆角矩形工具 ，选项栏的工具模式选择"路径"，绘制一个圆角矩形，位置如图8-22所示。按<Ctrl+Enter>键将其转换为选区，选中"背景"图层，按<Delete>键删除选区内的部分，效果如图8-22所示。

15）用加深工具在一些凹陷处涂抹，为"背景层"上面的图层添加蒙版，用黑色画笔在想隐藏的地方涂抹。效果如图8-22所示。

图8-21　自由变换效果图

图8-22　实例效果

16）用钢笔工具在高光处绘制闭合路径，确保前景色为白色，创建渐变图层。效果如图8-23所示。再用同样的方法绘制右面的高光。

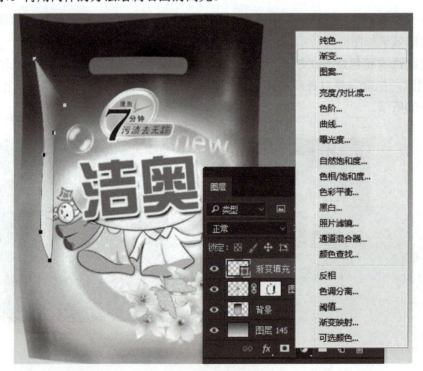
图8-23　为效果图加入高光

17）制作倒影。隐藏深灰到浅灰渐变图层，按<Alt+Ctrl+Shift+E>建立快照，将快照自由变换并垂直翻转，不透明度改为50%。移到合适位置。

18）制作阴影。载入原"背景"图层选区，羽化20%，新建一个图层，填充黑色，改变不透明度为50%，自由变换到如图8-11所示的位置。

8.2.3　课后练习

"经典辣条"设计，效果图如图8-24和图8-25所示。

图8-24 课后练习平面图　　图8-25 课后练习立体效果图

1．设计分析

设计包装一定要考虑产品的特点，应客户强调悠久历史的要求，应用了一些中国风元素，为了体现旅游休闲食品，故用黄色作为主色调。

2．制作分析

1）导入的国画素材，调整图层顺序，用到图层混合模式"叠加"命令，创建剪贴蒙版命令。

2）输入商品主体文字，并为其添加描边图层样式。

3）制作立体效果图，运用钢笔工具绘制阴影部分，增加立体感。

8.3　项目三　福特汽车广告宣传海报

8.3.1　项目分析

1．本项目需掌握的专业知识

设计不同类别的广告时需注意的问题。

1）宣传单，DM单。设计时选用的标题、广告语、图片要引起受众的兴趣，因为宣传单已经成为商家常用的宣传手段，大众容易对宣传单产生倦怠心理。

2）海报和招贴。尺寸一般比较大而且贴在醒目的位置，所以一定要抢眼，最好颜色和构图有视觉冲击力。

3）POP广告。商场促销比较多用，颜色鲜艳，多用流行时尚的图案吸引眼球。字体常用手写体。

4）灯箱广告。颜色要鲜亮，可以在设计上多加入一些悬念，比喻，幽默等创意元素，引发受众思考。关注灯箱广告的人观看的时间相对比较长。

5)大型户外广告。主题明确言简意赅,最好让人一眼就明白要表达的意思,尤其高速公路的路牌广告,受众关注的时间可能1s都不到,短短的时间,传达明确的意思,无论构图还是广告文案,力求简洁,直接。

6)网络广告。多运用网络流行语和流行的图片,最好能用一些话题引起病毒式的广告传播效应。

7)报刊杂志广告。商品受众面比较小的选杂志广告,版面设计要精到,立意要准确。商品受众面广的会选报纸广告,构图,图片选择要大众化一些。

2. 实例分析——福特汽车广告宣传海报

"福特汽车广告宣传海报"效果图如图8-26所示。

图8-26 广告实例效果图

汽车广告案例分析:

此广告是为福特翼虎所做的招贴广告,此款四驱车可以在冰天雪地驰骋自如,设计海报时选择冰雪公路的背景图片,为了加大冰雪天的阻力,海报中加入冰雪飞溅、云雾兽首元素。

为标题添加金属质感的图层样式,符合本款中高档车的结实耐用特质。

汽车作为高档消费品,在广告设计中要有与产品相一致的品位格调,才能引起认同产品内涵的消费者的购买欲望。每款车针对不同人群的需求,有其独特的卖点和特质,在广告设计中要把这些特点通过图片、文字营造的意境传达出来。

8.3.2 项目操作过程

1)打开"素材"\"第8章"文件夹中的"汽车广告背景"图片作为整个汽车海报的背景。将文件保存为PSD格式,命名为"汽车海报"。

2)打开"素材"\"第8章"中的"汽车"图片,解除背景锁定将图层名称改为"汽车",用钢笔工具沿汽车边缘抠图,按<Ctrl+Enter>键把路径转换成选区,为"汽车"图层建立蒙版。将此图层拖拽到"汽车海报"文档中,放置到适当位置。

3)复制"汽车"图层,得到"汽车拷贝"图层,选择"汽车拷贝"图层,执行"滤镜"→"模糊"→"动感模糊"命令。角度10，方向与汽车运动方向一致。用画笔工具在"汽车拷贝"图层的蒙版上，把车头部分擦除，效果如图8-27所示。

图8-27　实例效果

4）打开"素材"\"第8章"中的"冰雪素材"图片，解除背景锁定。执行"选择"→"色彩范围"，"取样颜色"改为"高光"，单击确定。用快速选择工具减选，把人物和阳光部分的选区减去。用移动工具把选中的部分拖拽到"汽车海报"文档中。将此图层名称改为"冰雪喷溅"。

5）选择自由变换工具将"冰雪喷溅"图层缩小到如图8-28所示的大小。为图层添加蒙版，在蒙版上用画笔工具擦除边缘部分，效果如图8-28所示。

图8-28　冰雪喷溅的处理效果

6）复制"冰雪喷溅"图层，用自由变换工具调整其角度和位置。打开"素材"\"第8章"中的"狮子云素材"，把狮子云图层拽入汽车海报文档。

7）输入文字"冰雪无惧"字体为"文鼎霹雳体"，大小36点。并为图层添加颜色叠加、渐变叠加、斜面浮雕和投影样式。效果如图8-29所示。

8) 输入文字"福特翼虎"字体为"禹卫书法行书简体",文本颜色为白色,大小91点。并为图层添加颜色叠加样式,叠加颜色RGB为:234,223,223。继续为图层添加斜面浮雕样式,参数设置如图8-30所示。

图8-29　文字图层样式效果

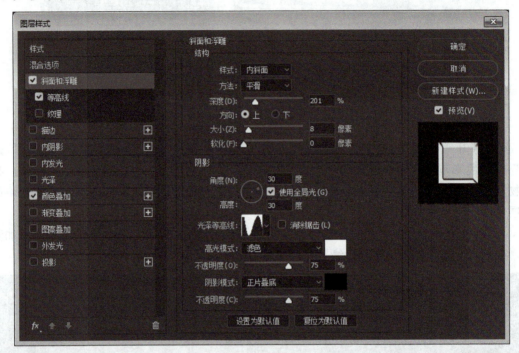

图8-30　斜面和浮雕样式参数

8.3.3　课后练习

房地产广告设计,如图8-31所示。

1. 设计分析

此广告为房地产广告,通过广告需要体现出家的温馨感觉。地产商为强调自己的传统文化底蕴,希望加入传统元素。为突出地产商的和谐家园的理念,构图追求平稳,颜色倾向稳重。选用国画笔墨的浓淡干湿和现代的文字排版相结合,体现融传统文化与高科技生活于一体的楼盘建筑风格。

2. 制作分析

1) 新建图层填充渐变,找到素材组织好构图。
2) 图层混合模式的运用和蒙版的应用。

图8-31　课后练习效果图

3）添加图片与文字、标志等元素。注意构图的完整与均衡。

8.4 项目四 摄影作品后期处理

8.4.1 项目分析

Photoshop在影楼后期处理中，有着举足轻重的作用。经过10多年的发展，现在的影楼包括摄影工作室对照片后期工作人员的要求已经不是掌握基本的Photoshop工具这么简单了。作为一个合格的后期人员一定要有大量的照片处理经验，对各种不同的前期拍摄的照片问题有着丰富的解决方法。要求同学们一定要注意观察照片的问题，在学习的过程中注意举一反三。

1．婚纱摄影作品后期处理的常用方法

1）用高斯模糊或者磨皮插件进行磨皮。
2）修补、修复工具的使用。
3）各种抠图方法和通道的运用。
4）调整图层和蒙版的结合使用。
5）图层混合模式的运用。

2．实例分析——"婚纱外景的后期调色"

影楼简单磨皮后的照片，如果用于出片（打印、冲印），入册（装订成册）给消费者，还需经过要调色、溶图等处理。

虽然影楼有很多现成可供套用的模版，但是最好能根据照片的感觉自己对页面进行设计。设计的灵感，来源于设计者对此类设计图片的视觉积累和被修照片本身传达出的感觉。本实例是一组婚纱外景照片的中的一张，因为消费者选择这张照片入册，所以对这张照片精修后，排版进其他同景别的照片，再加入经过设计的文字，使画面更完整，感觉更温馨。

摄影作品精修前的分析：
1）已经磨皮和简单调色。
2）天空和海水色彩太灰暗。
3）沙滩比较杂乱。

8.4.2 项目操作过程

制作思路：主要运用图层混合模式、蒙版进行色彩调整和溶图。
1）打开"素材"\"第8章"文件夹中的"婚纱外景.JPG"文件。
2）在图层面板按<Ctrl+J>快捷键复制一个背景层。把复制的图层混合模式改成颜色加深。
3）为图层添加蒙版，按"["，"]"快捷键把画笔调整到合适大小，前景色为黑色，在蒙版上把除了海水和天空以外的地方画出来，画人物和沙滩时可以把画笔的不透明度调高到100%，海水和天空过焦部分用不透明度为30%的画笔擦除。效果如图8-32所示。

图8-32　颜色加深效果

4）执行"图像"→"复制"，复制一个文件为婚纱外景复件。将复制文件的两个图层合并。执行"图像"→"模式"→"Lab颜色"。

5）按<Ctrl＋M>快捷键调出曲线面板，a通道参数调整如图8-33所示，b通道参数调整如图8-34所示。

6）执行"图像"→"模式"→"RGB颜色"命令，用移动工具把图层拖拽到婚纱外景文件中。并为其添加图层蒙版。

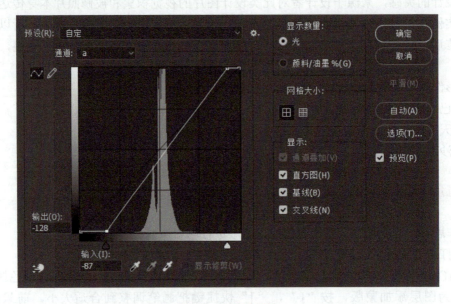

图8-33　a通道参数

第8章 综合项目实训

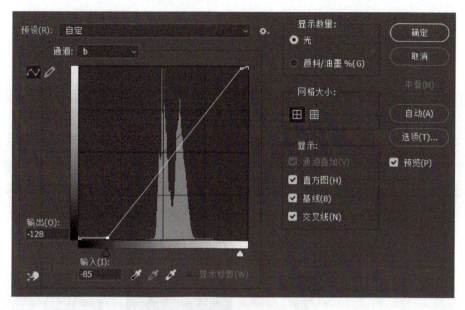

图8-34　b通道参数

7）把画笔的不透明度改为60%，前景色为黑色，在蒙版上把人物和沙滩擦出。效果如图8-35所示。

图8-35　画面效果及图层面板

8）用自定义形状工具绘制一个心形的路径。用路径选择工具选中心形路径，在属性栏路径操作选"从形状区域减去"，在调节图层里选择纯色填充。效果如图8-36所示。

9）颜色填充为白色。把颜色填充1图层的不透明度改为58%，为该图层添加蒙版，在蒙版上用画笔把背景里蓝色的大海擦出。打开"素材"\"第8章"文件夹中的"婚纱素材.PSD"，将里面的星光、光线素材导入，调整图层位置。用直接选择工具调整心形路径的位置。然后将背景层解锁选择全部图层，按<Ctrl+G>键成组，组的名称改为"主图"。

图8-36 纯色填充效果

10）打开"素材"\"第8章"文件夹中的"婚纱模板素材.PSD"。把"主图"组导入"婚纱模板素材"文档，调整其位置，最终效果如图8-37所示。

图8-37 婚纱外景的最终效果

8.4.3 课后练习

打开"素材"\"第8章"\"女孩.JPG"文件,结合制作分析的提示完成如下图8-38所示效果。

图8-38 女孩

1. 设计分析

为效果图8-38中的模特去斑美白和贴假睫毛,给照片制作边框。

2. 制作分析

1)使用修复画笔工具和污点修复画笔工具对面部进行祛斑、柔肤处理。

2)添加色彩平衡调节图层,调整照片颜色。载入红色通道,新建图层添加白色进行美白处理。

3)用矩形选框工具,羽化值为10,绘制矩形选区。在通道面板将选区存储为通道,形成Alpha 1通道。执行"滤镜"→"像素化"→"彩色半调"命令,为照片制作边框。

8.5 项目五 移动UI设计——一套阅读APP的界面设计

8.5.1 项目分析

1. 本项目需掌握的专业知识

UI即User Interface是"用户界面"的简称。随着智能手机的普及,移动端UI设计需求呈爆发式增长。

移动端平台主要有以下3种,苹果的iOS系统、安卓(Android)系统、微软的Windows 10 Mobile系统。目前苹果、安卓的智能手机是主流,因此手机应用软件APP开发至少要开发

iOS和安卓两个版本的，APP的UI设计也至少要设计风格一致的两个版本。

UI设计要着重于用户体验。站在用户的角度关注应用软件的实用性，力求直观、便捷。力求做到色彩搭配合理、布局简明清晰、图标直观具有指示性、可识别性，按键要放在人手触碰最舒适的位置，最小可触区域要大于7mm×7mm，尽量大于9mm×9mm。文字大小通常不小于11点。

具体到一套UI项目的设计，设计师还要着重考虑客户需求。站在客户的角度，最重要的是设计这款软件的主题。主题决定了UI设计师采用什么整体风格进行设计。要体现出完整、一致的风格，就要靠质感、纹理这些的设计细节的搭建。

2. 实例分析——"一套阅读APP的界面设计"

本项目中客户需求是一款小说阅读APP的开发，目标用户群是喜爱阅读的人。所以确定APP UI设计的主题是比看纸质书更舒适的阅读体验。确定整体设计风格为：简洁杂志风格；色调以蓝绿色、紫色、白色为主。

在图片的选择上，尽量选择一些安静的和阅读、文字内容相关的图片。图标的设计尽量简明、扁平化。

"一套阅读APP的界面设计"完成效果如图8-39所示。

图8-39 最后完成效果

8.5.2 项目操作过程

制作思路：对每一个界面进行单独设计。先对背景图片进行溶图或模糊处理，再对图标、文字等细节进行设计布局。

1. 启动界面的制作

1）执行"文件"→"新建文档"→"移动设备"→"Android 1080P"命令新建一个文档，将其保存命名为"启动界面.psd"。打开"素材"\"第8章"文件夹中的"启动界面素材.PSD"，将其图层全部导入"启动界面"文档。

2）复制"天空"图层，按<Ctrl+t>快捷键自由变换，在自由变换框内右击，执行"垂直翻转"命令。将新复制的"天空"层移动到如图8-40所示的位置。

图8-40　背景图片处理

3）为新"天空"图层添加蒙版，在蒙版上用画笔工具擦出部分礁石和海水。

4）把"天空"图层的图层混合模式改为"叠加"，并为其添加蒙版，使之与天空融合更自然。

5）输入文字"小说绘"，字体"华文行楷"字体大小为88点，输入文字"不一样的阅读体验"字体"华文行楷"字体大小为32点。完成效果如图8-39所示。

2. 菜单界面的制作

1）打开"素材"\"第8章"文件夹中的"菜单界面素材.PSD"，将其另存命名为"菜单界面.psd"。

2）新建一个图层将图层命名为"阴影"。选中"阴影"图层，用矩形选框工具在书城图标的下面绘制一个选框。使用渐变工具绘制一个黑色到透明的渐变。将"阴影"图层的不透明度改为50%。效果如图8-41所示。

3）对阴影使用自由变换命令，鼠标右击执行垂直翻转命令，把阴影移动到与书城图标下方对齐的位置，按<Shift+Ctrl>键拖动阴影的上部自由变换选框，效果如图8-42所示。

4）把"投影"图层复制6个移动到其他图标的后面。用圆角矩形工具绘制7个紫色、绿色、白色的矩形，不透明度改为57%。在每个图标下面输入文字，字体为"方正大黑简体"，大小为32点。效果如图8-43所示。

　　图8-41　绘制倒影　　　　　　　　　　图8-42　自由变换倒影

图8-43　菜单界面完成效果

5）在文件的最上端用矩形工具绘制一个1080×77像素的矩形形状，RGB颜色为27，150，185。效果如图8-43所示。

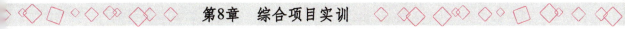

3. 书城界面的制作

1）打开"素材"\"第8章"文件夹中的"书城界面素材.PSD",将其另存命名为"书城界面.psd"。

2）选中"背景"组,用矩形工具绘制一个1080×77像素的矩形形状,RGB颜色为27,150,185。紧贴着这个矩形绘制1080×412像素的矩形形状,RGB颜色为14,76,94。将此图层混合模式改为"叠加"。紧贴此图层绘制1080×53像素的矩形形状,RGB颜色为27,150,185。紧贴此图层绘制1080×1370像素矩形形状,RGB颜色为242,237,237。

3）在浅灰色矩形形状上层,绘制1016×583像素、1016×338像素、1016×297像素,颜色都为白色的矩形形状。

4）在"主页图标"下层绘制297×53像素的矩形形状,RGB颜色为72,80,242。

4. 书架界面的制作

1）打开"素材"\"第8章"文件夹中的"书架界面素材.PSD",将其另存命名为"书架界面.psd"。

2）选中"背景"组,用矩形工具绘制一个1080×77像素的矩形形状,RGB颜色为27,150,185。

3）选择"书架"图层按<Ctrl+u>快捷键打开"色相饱和度"面板,调整色相值为-180。复制"书架"图层,得到"书架拷贝"图层,在"书架拷贝"图层执行"滤镜"→"模糊"→"高斯模糊",模糊半径为20。为"书架拷贝"图层添加蒙版,把左侧部分用画笔擦出。

4）绘制一个1080×1368像素的白色矩形形状。把封面图层排列整齐并为这些图层添加描边样式。

5. 阅读界面的制作

1）打开"素材"\"第8章"文件夹中的"阅读界面素材.PSD",将其另存命名为"阅读界面.psd"。

2）在"背景"组新建一个图层填充白色放到最底层。用矩形工具在文档上方绘制一个1080×77像素的矩形形状,RGB颜色为27,150,185。

3）复制"段落文本"图层里的文字内容,并把"段落文本"图层隐藏。用矩形工具绘制一个大的矩形形状,按<Alt>键减选绘制两个小的矩形形状。选择"直线工具",粗细为1像素,按<Alt>键减选绘制两个小的细线形状。效果如图8-44所示。

4）选择文字工具在被裁切的大矩形形状内单击,按<Ctrl+v>快捷键粘贴入段落文本的文字内容。

5）绘制下方的分割条和评论文本框。完成效果如图8-45所示。

图8-44　文本绕图矢量框　　　　　　　　　图8-45　阅读界面完成效果

6. APP界面整体效果展示

新建文档32×11.2厘米分辨率为300，背景色为黑色。将之前保存在同一文件夹下的5个界面的psd文件以"智能对象"的形式分别置入新建文档，调整置入的5个界面的大小和位置。

8.5.3　课后练习

打开"素材"\"第8章"\"音乐app"文件夹中的素材，运用本课所学知识和提供的素材制作一套音乐APP，最终效果如图8-46所示。

图8-46　课后练习效果图

1．设计分析

本例是制作一套音乐欣赏类APP。以深色调为主，辅以鲜亮蓝、绿等小块颜色。制作时注意整体色调的把握。

2．制作分析

1）使用图层混合模式对图片背景进行处理。

2）蒙版的运用。

3）组的运用和图层顺序的调整。

4）剪贴蒙版的使用。

5）对图标进行对齐操作。